Boris Vladimirovich Silvestrov

Energia para as idades Gravidade

Boris Vladimirovich Silvestrov

Energia para as idades Gravidade

Energias alternativas

ScienciaScripts

Imprint

Any brand names and product names mentioned in this book are subject to trademark, brand or patent protection and are trademarks or registered trademarks of their respective holders. The use of brand names, product names, common names, trade names, product descriptions etc. even without a particular marking in this work is in no way to be construed to mean that such names may be regarded as unrestricted in respect of trademark and brand protection legislation and could thus be used by anyone.

Cover image: www.ingimage.com

This book is a translation from the original published under ISBN 978-620-7-46825-6.

Publisher:
Sciencia Scripts
is a trademark of
Dodo Books Indian Ocean Ltd. and OmniScriptum S.R.L publishing group

120 High Road, East Finchley, London, N2 9ED, United Kingdom
Str. Armeneasca 28/1, office 1, Chisinau MD-2012, Republic of Moldova, Europe
Printed at: see last page
ISBN: 978-620-7-74102-1

Conteúdo

Sobre o autor...3

Parte introdutória 4

CAPÍTULO 1 16

CAPÍTULO 2 75

CAPÍTULO 3 85

CAPÍTULO 4 93

Lista da literatura utilizada...104

Palavras-chave: bomba de pontão de duas vias, bomba de pistão com pistão fixo, turbina hidroelétrica Pelton, gravidade, energia alternativa.

Nasceu em 05.01.1953. Em 1976, licenciou-se no Instituto Politécnico do Azerbaijão na especialidade "Equipamento de refrigeração e compressores e ar condicionado". Dedicava-se à reparação de vários equipamentos eléctricos. Estou familiarizado com os problemas energéticos devido à minha vida profissional. A energia alternativa começou por ser um interesse, um hobby. Depois de ter feito um modelo de demonstração de uma central eléctrica de ondas do mar e de se ter reformado, juntamente com o modelo, conseguiu um emprego como engenheiro no Instituto de Investigação de Problemas Geotécnicos de Petróleo, Gás e Química do Azerbaijão, no laboratório de energias alternativas. Enquanto trabalhava no laboratório, criou quatro tecnologias de energia alternativa, que podem ser encontradas neste livro.

Introdução

A minha paixão pelas energias alternativas começou no início dos anos 2000. Nessa altura, era como um hobby. O enorme fluxo de informação sobre este tema despertou em mim o interesse pelo problema do aproveitamento da energia das ondas do mar. Esta energia era apresentada nos meios de comunicação social como dependendo do comprimento da frente da onda do mar. Foram feitos cálculos sobre o valor final desta energia. Mas era impossível encontrar sequer um indício de como poderia ser aproveitada. Por formação, sou um engenheiro mecânico de instalações de refrigeração e compressores, mas aconteceu que trabalhei em engenharia eléctrica durante uma parte considerável da minha vida profissional. Reparei geradores e outros equipamentos de energia em centrais térmicas e hidroeléctricas. Também reparava geradores numa plataforma petrolífera offshore. Antes de me reformar, trabalhei como mecânico de manutenção durante os últimos dez anos na empresa azerbaijanesa-finlandesa WARTSILA, na manutenção de centrais eléctricas modulares a diesel. Os meus conhecimentos e a minha experiência profissional desempenharam um papel decisivo na possibilidade de resolver o problema do aproveitamento da energia das ondas do mar. Quando ainda trabalhava na WARTSILA, durante as horas de inatividade, com a autorização dos meus superiores, comecei a fazer um modelo de demonstração de uma central eléctrica das ondas do mar, tal como estava na minha imaginação. Este trabalho levou-me mais de dois anos. Nessa altura já tinha, ao que me parecia, basicamente encontrado uma forma de aproveitar a energia das ondas do mar. E não se tratava da energia das ondas, mas da energia gravitacional. A altura da onda e a sua variação periódica apenas contribuíam para o trabalho do mecanismo capaz de receber eletricidade do campo gravitacional. E esse mecanismo era uma   bomba de pistão de duas vias   , uma bomba de pontão com um
com um pistão fixo. É a conceção da bomba de pontão de pistão fixo bidirecional que construí que, quando o nível da água é rodado, permite gerar energia limpa de várias formas que serão propostas neste livro.

No meu primeiro trabalho, trata-se de uma central de energia alternativa que converte a energia das ondas do mar em energia eléctrica. É basicamente uma central hidroelétrica marinha. É a minha imaginação. Até à data, não existe nada semelhante no mundo, mas pode muito bem tornar-se realidade. Em muitos aspectos, é semelhante a uma central hidroelétrica convencional. Esta ideia foi concretizada sob a forma de um modelo de demonstração, que será descrito de seguida. Para uma perceção mais completa desta ideia, foi criado um projeto de instalação piloto de uma central de energia das ondas do mar. Uma vez compreendida a abordagem fundamental para resolver o problema da conversão da energia das ondas do mar em eletricidade através do material do protótipo, é fácil aplicar esta abordagem à conceção de uma central de energia das ondas do mar completa. Como sabemos, a capacidade de qualquer central hidroelétrica é determinada por dois parâmetros. [3]É a altura de água, que se mede em metros de coluna de água, em que 10m de coluna de água é igual à pressão de uma atmosfera, e o caudal de água - medido em m/seg. O projeto que propus enquadra-se perfeitamente nesta definição. Fornece às unidades hidroeléctricas uma determinada quantidade de água e a altura necessária. Mas, ao contrário das centrais hidroeléctricas convencionais, em que o caudal de água é um valor finito, para cada rio em particular, tem a vantagem inegável de que, para as centrais hidroeléctricas offshore, o caudal de água pode ser qualquer valor necessário, determinado pelo número de bombas em funcionamento nesta central ondulatória. E esta é uma vantagem inegável sobre as centrais hidroeléctricas convencionais, dado que o custo de construção por MW produzido é muito inferior ao custo de construção das centrais hidroeléctricas convencionais. Além disso, a altura de queda pode ser selecionada em dezenas e centenas de metros de coluna de água. Existem apenas algumas barragens de altura adequada no mundo. E se tivermos em conta que, em combinação com uma tal altura, o caudal de água pode ser de qualquer dimensão, então a capacidade pode ser planeada de qualquer dimensão. E, tendo em conta que o custo de construção por um megawatt de eletricidade produzida por centrais hidroeléctricas offshore é muito inferior ao das fontes de energia convencionais, as centrais hidroeléctricas offshore ocuparão certamente uma posição dominante no sector energético mundial no futuro. Se a localização de uma central deste tipo for escolhida de forma a que a linha costeira seja a fronteira entre o mar e uma costa alta e montanhosa, é aconselhável projectá-la juntamente com uma central de acumulação por bombagem. A pressão que pode ser criada por uma bomba de pontão de duas vias é de 250-300atm. E isto é suficiente para elevar a água a uma altura considerável. Uma parte dos cilindros bombeia diretamente a água para o reservatório situado nas montanhas. Além disso, o excesso de água, após as colunas de compensação, não será descarregado no mar e também será bombeado para o reservatório. À medida que a amplitude da onda diminui, a potência será compensada pelo funcionamento da estação de armazenamento hidroelétrico. Tendo em conta as observações meteorológicas dos anos anteriores, e com cálculos correctos na escolha do número de cilindros de trabalho,

O trabalho na central assegurará um fornecimento estável de energia. Esta central foi concebida para ter oito cilindros em funcionamento. Mas, em princípio, podem ser tantos quantos se quiser. Vamos ficar pela variante de oito cilindros escolhida e o diâmetro do pistão igual a 2 m. O projeto calcula um cilindro escravo, desenha o seu dispositivo e descreve o seu funcionamento.

Esta central hidroelétrica offshore é uma plataforma instalada na plataforma, semelhante às plataformas de produção de petróleo offshore. Está localizada em suportes feitos numa única peça com grelhas de guia para os cilindros de trabalho. As grelhas de trabalho são necessárias para garantir que os cilindros se movem numa direção estritamente vertical. As grelhas são estruturas metálicas feitas de canais e são capazes de suportar cargas laterais significativas de correntes marítimas e impactos de ondas. Nos quatro lados da parte interior de cada grelha-guia, existem calhas sob a forma de dois canais sobre os quais correm os rolos de apoio soldados aos lados das secções dos pontões. Deste modo, a secção só pode deslocar-se para cima e para baixo com a crista e a depressão da onda. E é indiferente a direção das ondas. Também não importa o nível do horizonte de água na maré baixa ou na maré alta. Esta variação do nível da água é tida em conta na conceção das dimensões da estação e na possibilidade de deslocar o cilindro móvel em relação ao pistão fixo. A parte acima da água da central é feita sob a forma de dois andares, embora seja possível uma versão de um só andar, mas com uma área maior para acomodar todo o equipamento planeado, os locais de trabalho e de habitação. Os "pés de apoio" são tubos de paredes espessas e de grande diâmetro, formando um conjunto com todas as grelhas de guia, tendo geralmente um grande peso e, consequentemente, uma grande estabilidade. O primeiro escalão situa-se a 8m acima do nível do mar. A sala de bombas abastece as unidades hidroeléctricas com a quantidade de água necessária. O segundo nível é uma sala de geradores equipada com uma ponte rolante de 200 toneladas de capacidade de elevação. Alberga os principais equipamentos de energia necessários ao funcionamento de uma central hidroelétrica convencional. Adjacente a ele estão as instalações de utilidades e de produção. O compartimento de bombagem, bem como o compartimento do gerador, tem uma ponte rolante com capacidade de elevação de 200t. As pontes rolantes foram concebidas para trabalhos de manutenção e reparação. A presença de pessoal operacional e de reparadores qualificados permite que estas centrais offshore sejam mantidas em modo normal, tal como as centrais hidroeléctricas convencionais. Em relação a todos os análogos de conversores de energia das ondas marítimas atualmente propostos, esta conceção apresenta uma vantagem inegável. Em primeiro lugar, todos os equipamentos eléctricos estão localizados acima do nível da água e, em segundo lugar, e mais importante, a capacidade de intervir prontamente nos processos de produção, incluindo a assistência e a reparação no local, reparando componentes e unidades individuais, sem parar toda a central.

Vejamos o esquema de funcionamento desta instalação. A partir das bombas de pontão, a água sob alta pressão, que pode atingir várias centenas de atm, é fornecida às colunas de compensação. A pressão é selecionada de forma a que as condutas e todo o equipamento de trabalho a possam suportar. Esta pressão é de cerca de 250 atm. As condutas de vapor sobreaquecido nas centrais térmicas trabalham sob esta pressão, mas em condições de calor mais severas, pelo que consideraremos que esta pressão pode ser escolhida como pressão de trabalho neste caso. Esta é a pressão de funcionamento do jato expirante quando este atinge as pás da unidade hidroelétrica de balde. Uma pressão tão elevada pode ser obtida devido ao facto de a bomba do pontão ser também uma prensa hidráulica. O diâmetro do cilindro de trabalho é muitas vezes superior ao diâmetro total dos jactos de expulsão que atingem as pás da unidade hidráulica. Em princípio, a pressão obtida pela bomba do pontão pode exceder muitas vezes 250 atm. Mas no esquema de trabalho há pelo menos dois reguladores de pressão. O primeiro foi concebido para fornecer uma pressão de funcionamento estável para o abastecimento de água às pás da turbina hidráulica. O segundo regulador de pressão desempenha o papel de uma válvula de segurança. Descarrega a água de volta para o reservatório quando a pressão de funcionamento ultrapassa um valor pré-selecionado. No início, a água é bombeada para a coluna de compensação. Esta coluna foi concebida para igualar parcialmente o carácter pulsante deste processo de bombagem. À saída da própria coluna, no coletor comum, como já foi referido, existem reguladores de pressão. A coluna de compensação é um recipiente vertical que funciona a alta pressão. A parte superior da coluna é preenchida com ar e a restante com água. Este ar actua como uma mola e iguala a natureza pulsante da pressão criada
pela bomba de pistão.
À medida que a altura da onda aumenta, o caudal de água aumenta e a pressão aumenta. À medida que a altura da onda aumenta, o caudal de água aumenta e a pressão aumenta. Isto faz com que o regulador de pressão seguinte entre em funcionamento, ajustado para uma pressão ligeiramente superior à do regulador anterior. A água em excesso é descarregada no mar. Esta instalação não causa praticamente nenhum dano ecológico. As aberturas de entrada de água das bombas de pontão têm grelhas para evitar que a vida marinha entre na rede de processo. Além disso, se necessário, toda a instalação pode ser vedada à volta do perímetro com uma rede fina. Os acidentes tecnogénicos com consequências catastróficas, como as falhas de barragens hidroeléctricas, estão completamente excluídos. E mesmo se imaginarmos a possibilidade de destruição de uma central hidroelétrica offshore devido a tsunami, sabotagem, acções militares, não haverá praticamente danos ecológicos.

A plataforma está equipada com um cais de carga e um cais convencional. O cais de carga é assegurado por uma ponte rolante. As secções do pontão e outros equipamentos podem ser reparados no local ou entregues para substituição por transporte marítimo. O cais doméstico foi concebido para a entrega e a mudança do pessoal de exploração e de manutenção. Existem dois elevadores de carga na instalação, concebidos para facilitar a deslocação do pessoal operacional e de pequenas cargas através da plataforma. No ponto mais alto da plataforma existe uma plataforma para helicópteros, que também é utilizada para a entrega e remoção de pessoal operacional da plataforma. Existem bóias de salvamento e mecanismos para a sua entrega à superfície da água. Estes mecanismos são guinchos especiais que funcionam tanto em modo automático como manual. O teto da plataforma pode ser utilizado como área de repouso para o pessoal de trabalho

A localização da plataforma é escolhida de modo a que o relevo do fundo seja suave e permita a chegada de ondas altas. De acordo com os cálculos, esta instalação é montada a uma profundidade de 20 metros. Os países que têm costas oceânicas onde as ondas atingem cinco metros ou mais podem obter eletricidade a preços muito baixos. Em baixo, no texto, encontram-se fotografias e a descrição de um modelo representativo de uma central eléctrica das ondas do mar.

Foto n.º 1

1) A primeira imagem mostra a casa das máquinas da casa das bombas. Nos lados esquerdo e direito, existem quatro tampas de suporte da secção da bomba (amarelas) cada. Do lado esquerdo há três tampas montadas e uma tampa desmontada.

A cobertura desmontada indica que a primeira unidade de bomba foi retirada para reparação. A cobertura do suporte superior da secção da bomba encontra-se em suportes especiais após a desmontagem. Há duas colunas de compensação ao fundo. A água das bombas entra nas colunas de compensação (aparelhos verticais azuis) e depois, passando pelo regulador de pressão, também de cor azul na linha de tubagem, é encaminhada para o gerador, sala de máquinas. Esta sala está situada por cima da sala das bombas. As válvulas de fecho permitem a reparação de qualquer unidade necessária. Na casa das máquinas de bombagem existe uma ponte rolante com uma capacidade de elevação de 200 toneladas. Foi concebida para trabalhos de manutenção e reparação de equipamentos.

2) Na segunda fotografia (por baixo do texto), vê-se o segundo nível da central eléctrica de ondas offshore. No meio estão duas unidades hidroeléctricas com uma turbina Pelton, para as quais a água é alimentada a partir de baixo pela sala de bombas. À esquerda, encontram-se dois transformadores para preparar a transmissão de eletricidade por cabo marítimo para o continente. Para além da casa das bombas, existe uma ponte rolante (200 toneladas) para trabalhos de manutenção e reparação. Existe um heliporto no telhado superior da sala dos geradores. Existe uma escada de acesso ao heliporto a partir do telhado comum. O próprio telhado é um local de repouso para o pessoal de reparação e manutenção. Na parte direita do segundo nível, existem compartimentos domésticos de três andares e uma sala de controlo. Nas traseiras, é visível uma caixa de elevador. Nos lados, há passagens pedonais e escadas para a transição entre pisos. Depois de esgotada através de uma conduta especial, a água é descarregada de novo no mar. Esta conduta é claramente visível nas fotografias n.º 3 e n.º 4. Está localizada verticalmente ao longo do poço do elevador.

Foto #2.

A fotografia 3 mostra a casa das máquinas do gerador, assim como a fotografia 2. Para além da fotografia n.º 2, é possível ver a tubagem de abastecimento de água às turbinas hidráulicas e a tubagem de descarga de águas residuais, situada junto ao segundo poço de elevação de mercadorias entre as casas das bombas e do gerador. Do lado esquerdo, pode ver-se parte dos caminhos de rolamento dos estabilizadores da ponte rolante da casa das bombas. Estes caminhos de rolamento destinam-se à descarga de navios de carga atracados.

Foto #4

A fotografia #4 mostra quase toda a central hidroelétrica offshore a partir da face final. Na parte inferior, podem ser vistas as pernas de suporte sobre as quais toda a estrutura assenta no solo da plataforma. Por baixo da casa das bombas encontram-se as grelhas-guia. Estas são fixadas entre si e formam uma estrutura única com toda a estação. As secções de bombagem do pontão das bombas de duas vias com pistões fixos deslocam-se numa direção estritamente vertical ao longo destas grelhas. Do lado esquerdo, pode ver-se um braço de ponte rolante de carris de grua para o acesso da ponte rolante à zona livre para as operações de carga e descarga a partir do convés dos navios atracados. Da extremidade da casa das bombas vê-se a plataforma de amarração para a amarração final dos navios de carga. Podem ver-se gruas de amarração para facilitar o processo de amarração. A partir desta plataforma existe uma entrada para o elevador que dá acesso à sala do gerador. Poço do elevador no lado esquerdo da fachada do avião.

Foto #5

A foto n.º 5, igual à foto n.º 1, é uma vista da secção de bombagem da central hidroelétrica de ondas offshore. Mas, ao contrário desta foto, no canto esquerdo há uma secção de bombagem preparada para ser substituída. A tampa de suporte superior da primeira secção de bombagem foi desmontada e instalada em suportes especiais. A secção da bomba a ser substituída está suspensa em suportes especiais em forma de viga I. Nos lados da secção da bomba, existem rolos de guia. Estes rolos deslocam-se ao longo da grelha de guia para assegurar um movimento estritamente vertical da secção da bomba.

A foto #6 mostra a central eléctrica de ondas offshore na sua altura máxima As pernas de suporte têm 20m de altura. A água do mar não atinge o bordo inferior da base da casa das bombas a 8m. A foto mostra claramente as grelhas-guia montadas como uma única unidade. No seu interior, as secções de bombagem movem-se com a mudança de nível da onda do mar, bombeando assim água do mar sob alta pressão para as colunas de compensação. Ao nível dos alojamentos, encontram-se guinchos automatizados para o lançamento das embarcações salva-vidas necessárias. Os botes salva-vidas são suspensos em suportes especiais, que funcionam em modo automático e manual. Na parte da frente, pode ver-se a saída da tubagem das colunas de expansão. A água das colunas de compensação flui através de reguladores de pressão para a sala do gerador para fornecer água às turbinas hidráulicas Pelton. Em cima, podem ver-se três pisos de salas de utilidades. A sala de controlo da central hidroelétrica de ondas offshore também se encontra aí localizada. Esta plataforma offshore, tal como as plataformas de produção de petróleo offshore, é totalmente adequada para o pleno funcionamento e alojamento do pessoal de manutenção e reparação

Na fotografia n.º 7, ao nível do piso da casa das bombas, existe um cais de amarração para a receção do pessoal que chega por mar. Ao longo do cais são visíveis gruas de amarração. Existem escadas de emergência a toda a altura, permitindo o acesso a todos os níveis da central offshore em caso de falha do sistema de elevação. Existem também plataformas que permitem deslocar-se em níveis paralelos da parte residencial da central eléctrica. Na parte superior pode ver-se o heliporto e as escadas de acesso ao mesmo. Transporte de pessoal por helicóptero como alternativa ao transporte marítimo de pessoal. O transporte por helicóptero destina-se à comunicação de emergência com a costa.

Foto #8

Foto #8 Traseira da central hidroelétrica de ondas offshore. O poço do elevador está localizado no centro da estrutura. A partir do cais marítimo, depois de subir as escadas de um nível, chega-se à entrada do elevador, a partir do qual é possível aceder a qualquer nível da parte operacional do local do pessoal por elevador. O mesmo elevador permite igualmente o acesso ao convés de observação superior e, a partir deste, ao heliporto. Todos os movimentos verticais e horizontais em torno da área de trabalho do pessoal são duplicados por escadas e plataformas de transição em caso de emergência.

A base para a conversão da energia gravitacional em eletricidade é uma bomba de pistão de pontão com um pistão fixo. Uma condição prévia para o seu funcionamento é uma alteração cíclica do nível da água. De facto, esta bomba é o "coração" do mecanismo de conversão da energia gravitacional em eletricidade. Vejamos uma das possíveis concepções desta bomba, analisemos o seu funcionamento e familiarizemo-nos com os cálculos da potência que pode gerar. Tudo isto pode ser encontrado no artigo abaixo:

CAPÍTULO 1

CONCEPÇÃO E CÁLCULO DE UM PROTÓTIPO DE CENTRAL HIDROELÉCTRICA DE ONDAS OFFSHORE.

Instituto de Investigação do Azerbaijão sobre Problemas Geotécnicos do Petróleo, Gás e Química

Autor: Engenheiro do Laboratório de Energias Alternativas

Boris Vladimirovich Silvestrov boris_boris_silvestrov@mail.ru@mail.ru

Atribuição de projectos

1) Profundidade de instalação 5-6m.
2) Ligação aos cavaletes existentes (pilares).
3) Valor mínimo e rentável.
4) Dimensões totais mínimas.
5) Utilização de unidades e equipamentos normalizados.
6) Altura da onda a partir de 0,3 m.

Objetivo da atribuição do projeto.

Cálculo e conceção de uma central experimental com o seu subsequente fabrico e teste da amostra criada, para confirmar a parte de cálculo e a correção da conceção selecionada, o que permitirá avançar para a construção de uma central hidroelétrica marinha completa de qualquer capacidade. A necessidade de fontes de energia alternativas potentes e economicamente favoráveis é hoje enorme. A variante proposta responde plenamente às exigências actuais, tanto em termos de simplicidade da conceção proposta como de recursos de baixo custo.

Uma central eléctrica offshore é um dispositivo que converte a energia das ondas do mar em eletricidade. Esta conversão é efectuada por uma bomba potente, que é também um hidropressor, que fornece à hidro-turbina o caudal e a pressão de água necessários. A construção da central projectada será dividida em duas fases. Na primeira fase, a unidade de bombagem será fabricada e montada de acordo com o esquema n.º 1. E só depois de confirmada a parte calculada do projeto, que consiste em indicadores próximos dos calculados, tanto para a pressão criada como para o caudal de água, será realizada a segunda fase - a compra da própria unidade hidráulica.

Esquema #1

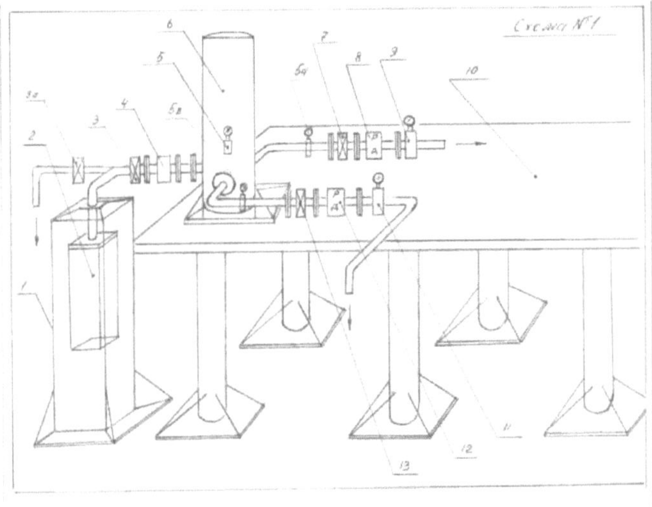

1) .grelha de orientação.
2) Secção de bombagem do pontão.
3) . Válvulas de fecho.
3.a). Válvulas de fecho na linha de descarga da água do processo
4) . Válvula de retenção.
5) . Manómetro.
5) a). Manómetro, na linha de abastecimento de água às pás da hidroturbina
6) в). Manómetro, na linha de descarga do excesso de água
7) . Coluna de compensação.
8) . Válvulas de fecho.
9) . Regulador de pressão.
10) Medidor de caudal.
11) . Passagem superior.
12) . Medidor de caudal.
13) . Regulador de pressão.
14) . Válvulas de fecho.

A linha de descarga de água é necessária no momento da instalação. Quando a secção da bomba é imersa num corpo de água, é imediatamente criado um fluxo de água na linha de água. Ao mesmo tempo, as válvulas de corte na linha principal são fechadas, enquanto a linha de processo é aberta e descarrega toda a água bombeada. Quando a instalação de todo o equipamento estiver concluída, a linha principal é aberta e só então a linha de processo é fechada. Do mesmo modo, é utilizada quando o equipamento é retirado para reparação. Todos os diagramas e esboços da instalação proposta estão reunidos no final deste documento.

A grelha de guia do esquema #13, esquema #14, esquema #15 e esquema #16 é uma estrutura soldada feita de longas barras de aço. Para garantir a estabilidade, a parte inferior tem uma área maior do que o próprio eixo. A tampa superior, esboço n.º 16, é feita em duas metades e fecha-se na fechadura sob a forma de um dente soldado no tubo de água do pistão, esboço n.º 12, que é um anel de aço com um diâmetro de 360 mm. e espessura de 50 mm. forma uma única unidade com o pistão fixo, assumindo assim todas as cargas de rutura. Esta construção fechada permite a utilização de grandes forças aplicadas, onde a força multiplicada pelo deslocamento é trabalho e, portanto, energia. As enormes forças, sob a forma do peso da estrutura móvel e da força de Arquimedes, extraem uma energia muito superior à de qualquer análogo em termos de custo por kW. Para evitar o desprendimento do solo, o peso da grelha-guia, juntamente com o peso do pistão, deve ser muito superior à força de pressão resultante; caso contrário, deve ser adicionado peso sob a forma de blocos de betão na parte inferior da grelha-guia - esquema n.º 23.

Consideremos o princípio de funcionamento da unidade de bombagem proposta com base nos esquemas n.º 1 e n.º 2:

Um determinado corpo flutuante (pontão) (1), juntamente com as cristas e depressões das ondas do mar, efectua um movimento alternado estritamente no plano vertical em torno de um pistão fixo, encontrando-se no interior de uma grelha de orientação (2). Tendo um certo peso, que é a soma dos pesos que consistem no seu próprio peso e no peso da água de lastro enchida numa cavidade especialmente concebida neste pontão, bem como uma certa flutuabilidade devido ao espaço de ar no interior do pontão, exerce uma pressão significativa sobre a água localizada nas câmaras A e B, (esquema № 2) espremendo-a alternadamente das câmaras A e B na conduta. Em seguida, a água flui através da conduta para a coluna de compensação. Na conduta de enchimento existe uma linha de processo de saída, uma válvula de fecho (3) e uma válvula de retenção (4). No corpo da coluna de compensação (6) existe um manómetro (5). Uma almofada de ar na parte superior da coluna de compensação permite suavizar parcialmente o carácter pulsante do fluxo de água. Na saída da coluna de compensação existem duas condutas de água, uma das quais se destina a fornecer água às pás da turbina hidráulica e a outra a descarregar o excesso de água para o reservatório. Cada uma destas condutas possui válvulas de corte (7) e (13), reguladores de pressão (8) e (12) e medidores de caudal (9) e (11), bem como manómetros (5a) e (5c). As válvulas de fecho e os medidores de caudal são equipamento de série e estão incluídos nos catálogos de muitas empresas. Os reguladores de pressão para estes parâmetros devem ser fabricados de acordo com os esquemas em anexo. A vista geral do regulador de pressão completo é mostrada no desenho n.º 19. A pormenorização é mostrada na série geral de esboços n.º 19; n.º 20; n.º 21. O regulador de pressão deve ser fabricado em aço inoxidável e é composto por:

1) . Desenho da caixa do regulador de pressão n.º 19a
2) . Esboço de manga de passagem n.º 19c
3) . Esboço da bucha espaçadora #19n
4) . Desenho da tampa de pressão n.º 19m
5) . Anilhas de vedação esboço n.º 19F
6) . Esboço da anilha de mola n.º 21.
7) . primavera
8) . Esboço da chávena da primavera #20
9) . Porca M38.
10) . Desenho da caixa de selagem n.º 19c
11) . Anéis de borracha F8mm
12) . Esquema da válvula n.º 19d e esquema do anel n.º 19d1
13) . Esboço do vedante da manga de borracha n.º 19E

A secção transversal do casquilho n.º 2 na válvula totalmente aberta n.º 12 é selecionada de modo a que a área total das aberturas de passagem não seja inferior à secção transversal do tubo de água F200mm.

Inicialmente, com a mola totalmente libertada, é criada pouca ou nenhuma pressão no interior da coluna de compensação; à medida que a mola é pressionada, a pressão no interior da coluna começa a aumentar e parte da água é descarregada através da conduta, empurrando a válvula para fora. À medida que a mola é pressionada, a pressão da água necessária pode ser ajustada para pressurizar as pás da turbina hidráulica. Ao mesmo tempo, ao comprimir as molas de ambos os reguladores, quando a pressão necessária é atingida, a tensão da mola deve ser adicionada ao regulador da conduta de descarga de água. Desta forma, ambos os reguladores estarão em condições de funcionar.

O esquema montado desta instalação permitirá confirmar ou negar a parte calculada do projeto. Através do manómetro, é possível determinar a pressão efetivamente alcançada e, através dos medidores de caudal, a quantidade de água que chegará às pás da turbina hidráulica e a quantidade de água que será descarregada na massa de água.

Reduzir as dimensões geométricas desta unidade ao mínimo para poupar dinheiro não é conveniente, uma vez que o mesmo princípio funciona com muitos análogos, que já confirmaram o desempenho das centrais eléctricas offshore. As dimensões adoptadas da secção de bombagem são otimamente mínimas, o que é confirmado pela ausência de lastro e pela igualdade aproximada das forças ascendentes e descendentes. Esta instalação-piloto tem como objetivo revelar a possibilidade de obter mais energia com um mínimo de recursos de entrada.   Para este efeito, devem ser utilizadas unidades de bombagem de grandes dimensões (em termos quantitativos).

O custo dos recursos por unidade de energia gerada, em comparação com análogos alternativos e fontes de energia convencionais, permitirá avaliar a invenção. O custo dos recursos por unidade de energia gerada, em comparação com análogos alternativos e fontes de energia convencionais, permitirá avaliar a invenção. A força de flutuação é tanto maior quanto maiores forem as dimensões geométricas da câmara do pontão. Por conseguinte, a mesma permite completar o peso morto da secção do pontão com água de lastro. Mas o aumento das dimensões da secção de bombagem também tem o seu limite. A dimensão horizontal não deve ser superior a metade da distância entre duas cristas de onda. A dimensão vertical pode ser maior em função da profundidade da grelha-guia.

A flutuabilidade é igual ao volume de ar interno do pontão. O pontão de trabalho nesta variante é uma estrutura soldada feita de ferro de folha de navio, geometricamente se assemelha a um paralelepípedo com dimensões 2x2x4m. No corpo do pontão esboço № 1 e № 2 há recessos para a instalação de rolos de suporte esboço № 5. Nas partes média e inferior do pontão existem furos rectangulares para a instalação de válvulas de entrada esboço № 8, as válvulas de entrada superior deve estar localizado abaixo da linha de água do pontão. Na parte interior do pontão é um cilindro de trabalho com um diâmetro de 1,2 m e altura de 4 m, para a rigidez ligada às paredes exteriores dos reforços esboço # 2a. O cilindro é soldado com o mesmo aço do navio. Em condições de trabalho, estando à tona, a parte superior do cilindro de trabalho está acima do nível do mar. Para excluir o volume de ar da câmara de trabalho, em condições de trabalho, durante a montagem no interior do cilindro, é inserida uma manga intermédia. Desenho nº 3. A flange superior do pontão, desenho n.º 11, é feita de chapa de aço com 30 mm de espessura e a inferior é feita de chapa de aço com 15 mm de espessura. As aberturas das válvulas estão unidas às caixas dos cilindros de trabalho, desenho nº 4, separando a cavidade de ar interna do pontão da água. A linha de água fixa, na qual o pistão é rigidamente fixado, é coberta por uma tampa com um desenho especial de vedação esboço № 9. A tampa é constituída por duas metades seladas com uma junta de borracha. A borracha de vedação nas ranhuras da tampa e nas ranhuras do pistão tem a mesma secção transversal, Desenho nº 17, e em ambos os casos é pressionada contra a superfície de contacto pela pressão de funcionamento. Mesmo que não seja possível excluir completamente a passagem de água através destas juntas, é pouco provável que seja significativa, e também não apresentará qualquer problema, uma vez que toda a água que passou por elas voltará a fluir para o mar. Para determinar a força com que a unidade experimental funcionará, é necessário determinar o volume de ar interno da secção de bombeamento e o peso total da própria secção e dos conjuntos e peças a ela ligados, juntamente com a água de lastro, se existir.

CÁLCULO DA FLUTUABILIDADE DO CASCO DO PONTÃO

A flutuabilidade (V_{ILI}) é igual a:

V n.i = V1 - V2 - V3 - V4

Onde:

V 1- volume do paralelepípedo

V 2- volume de oito cavidades de rolos

V 3- volume para a linha de água da manga intermédia

V 4- volume das caixas de válvulas

V1 = S * h = 2m. * 2м. * 4м. = $16м^3$

V2 = 0,5m * 0,3m * 0,25m * 8 = $0,3m^3$

O volume interno da inserção intermédia que cobre a conduta é igual a:

^{2}V3 = nr h =3,14 * 0,12 * 1,5m =$0,0471m^3$

O volume das caixas é calculado de acordo com o esquema n.º 4

V4 = 0,2m * 0,31m + 0,2m * 0,27m + 0,6m * 0,27m : 2 = = $0,271m^3$

^{33333} V = 16m - 0,3m - 0,047m - 0,272m =15,385m Assim, o volume de ar da secção do pontão é de $15,385m.^3$

Cálculo da capacidade da secção das bombas em ondas de 0,3 m

O volume da câmara A é igual a: (esquema2)

$^{22}V_A$ = nr h = 3,14 * 0,6 m * 0,3m = $0,339m^3$

Sendo r o raio do cilindro escravo

h- altura de onda aceite

O volume da câmara B é igual a:

$^{22}V_B$ = nr h - $_{nri\ h}$

$_{ri}$ - diâmetro do tubo de água

$^{22}V_B$ = 3,14 * 0,6 m * 0,3m - 3,14 * 0,1m * 0,3m=$0,{33m3}$

O volume total das duas câmaras será igual:

$^{33}V_{s=}$ VA + VB =0,339m + 0,33m = $0,669m^3$

Se assumirmos que o período entre as cristas das ondas é de 6 segundos (o que é típico no Mar Cáspio, 5-6 segundos), então a capacidade da secção de bombagem será igual a

$^{33}V_s$:6cek = 0,669m : 6sec =0,111m /sec

CÁLCULO DO PESO PRÓPRIO DA SECÇÃO DO PONTÃO

PESOS LATERAIS DO PARALELEPÍPEDO

$P_{pr} = L * H * b * 7,8\ t/m^3$

Onde: L - perímetro da base

Altura H

b - espessura do ferro do navio

$7,8\ t/m^3$ - gravidade específica do ferro

$R_{pr} = 2,02m * 4m * 4m * 0,01m * 7,8\ t/m^3 = 2,521t$

Material necessário:

Chapa de aço de 10 mm. $S = 32,32m^2$

$P = 2,521t.$

O PESO DO FUNDO SERÁ IGUAL A:

$P_{dn} = S * b * 7,8 t/m^3$

Onde: S - área inferior

b - espessura da parede inferior

$7,8 t/m^3$ - gravidade específica do aço

$S = S1 - s_2$

Onde: s_1 - área total da laje (2m*2m)

s_2 - área dos recessos para a instalação dos rolos

b- espessura da parede inferior $7,8 t/m^3$ - peso específico do aço

$S1 = 2m * 2m = 4m^2$

$S2 = 0,5m * 0,21m * 4 = 0,42m^2$

$S = 4m^2 - 0,42m = 3,58m^2$

$P_{dn} = P5 = 3,58m * 0,015m * 7,8 t/m = 0,419t$

Material necessário:

Chapa de aço de 15 mm. $S = 4m^2$ $P = 0,419t.$

O peso dos reforços internos (desenho #2a) é igual a:

$R_{vnr} = \{(4m * 0,38m) - (0,25m * 0,3m * 2)\} *4 * 0,01m * 7,8 t/m^3 = 0,427t$

Material necessário:

Chapa de aço 10mm $S = 0,6m^2$ $P = 0,427t.$

O peso do cilindro de trabalho interior é igual a: $R_{vz} = 2n\pm b7,8 t/m^3$

Onde: 2pg é o comprimento da circunferência do cilindro escravo.

h - altura do cilindro escravo

b - espessura da parede do cilindro

$7,8 t/m^3$ - peso específico do aço

$R_{vz} = 2 * 3,14 * 0,6m * 4m * 0,01m * 7,8 t/m^3 = 1,176t$

Material necessário:

Chapa de aço 10mm $S = 15,072m^2$ $P = 1,176t.$

PESO DAS PAREDES LATERAIS NOS RECESSOS DOS ROLOS

esboço #2:

P5 = {(0,21m * 0,3m * 16) + (0,5m * 0,21m * 8)} [3]*0,01m * 7,8t/m =0,144t

Material necessário:

Chapa de aço 10mm   [2]   S=1,848m P = 0,144t.

PESO DA FLANGE SUPERIOR DA SECÇÃO DA BOMBA

o esboço nº 6 é igual:

Rf= R1- R2 - R3 - R4

Onde: P1 - peso total da laje (2,17m * 2,17m)

P2 - peso de um círculo de raio 0,641m e espessura 0,015m

P3 - peso de uma circunferência de raio 0,6m e espessura 0,015m

P4 - peso dos entalhes na placa, cobrindo o canal no qual os rolos se movem

[3]P1 = 2,17m * 2,17m * 0,03m * 7,8t/m = 1,1t

[23]P2 = 3,14 * 0,641 m * 0,015m * 7,8t/m =0,151t

[3]P = lg117,8t/m^3

Onde: r - raio do furo do cilindro escravo igual a 0,6m

h - profundidade de sondagem igual a 0,015m

[3]7,8t/m - gravidade específica do aço

[23]P3 = 3,14 * 0,6 m * 0,015m * 7,8t/m =0,132t

[3]P4 = 0,16m * 0,085m *4 * 0,03m * 7,8t/m =0,073t

Assim, o peso da flange superior será igual a: Rvf= 1,1t - 0,151t - 0,132t - 0,07t = 0,746t.

Material necessário:

Chapa de aço 30mm   [2]   S=4,7M P =1,1t.

Cálculo do peso do desenho do rolo de apoio n.º 5

P = P1 + P2 + P3 + P4

Onde: P1 - peso da placa de base do rolo

P2 - peso dos muros de suporte laterais

P3 - peso do eixo do rolo

P4 - peso do rolo

[3]P1 = 0,25m * 0,25m * 0,01m * 7,8t/m =0,00487t

A área do descanso lateral é metade da área de um círculo com raio 0,04m e da área de um trapézio com lados 0,08m e 0,18m

P2 = {pg2 : 2 +(0,04m + 0,18m) : 2 * 0,2M} [3]* 2 * 0,05m * 7,8t/m =0,0191t

[233]P = nr h * 7,8t/m = 3,14 * 0,022m * 0,2m * 7,8t/m = 0,002t.

[22]P4 = (nri h - nr2 h) 7,8t/m^3

Onde: r1 - raio do rolo

r2 - raio do furo do eixo interior h - largura do rolo

[223]P4 = (3,14 * 0,1 m * 0,07m - 3,14 * 0,02 m * 0,07m) * 7,8t/m =0,0164t

Assim, o peso dos oito rolos será igual:

P = (P1 +P2 +P3 +P4) * 8 = (0,00487t + 0,0191t + 0,002t + 0,0164t) * 8

0,339t.

Material necessário:

Chapa de aço de 10 mm. $^2S = 0,5m$ $P = 0,03896t.$

Chapa de aço de 50 mm. $^2S = 0,362m$ $P = 0,152t.$

Aço laminado F30mm L = 2m. P = 0.011t.

Aço laminado F220mm L= 1m. R= 0,296t.

PESO DOS FLANQUES PARA A FIXAÇÃO DA VÁLVULA DE ENTRADA desenho n.º 7

$^3R_f = (0,34m * 0,39m - 0,31m * 0,25m) *8 * 0,04 * 7,8t/m = 0,138t.$

Materiais necessários:

Chapa de aço de 50 mm. $^2S = 1,06m$ $P = 0,413t.$

PESO DAS VÁLVULAS DE ENTRADA esboço n.º 8

$R_k = P1 + P2 + P3 + P4 + P5$

Onde: P_i - peso da flange

P2 - peso das paredes laterais

P3 - peso do plano de apoio

P4 - peso da tampa das válvulas

P5 - peso do suporte

$^3P_i = (0,39m * 0,34m - 0,21m * 0,2m) * 0,01m * 7,8t/m = 0,0072t$

$^3P2 = 0,2m * 4 * 0,06m * 0,015m * 7,8t/m = 0,0056t.$

$^3P3 = (0,2m * 0,2m - 0,16m * 0,16m) * 0,015m * 7,8t/m = 0,002t$

$P4 = 0,24m. * 0,24м. * 0,015м. ^3* 7,8t/m = 0,007t.$

P5 - aproximadamente igual a 0,004t.

$R_{cl} = 0,0072t. + 0,0056t. + 0,002t. + 0,007t. + 0,004t. =$

=0,0258т.

Peso de oito válvulas material chapa de aço 15mm. $^2S = 0,819m$. $P = 0,096t.$

Cálculo do peso do esboço do casquilho intermédio n.º 3

$R_{pv} = P_i + P2 + P_z + P4$

Onde: P_i - peso da parede exterior

P2 - peso da parede interior

P3 - peso do fundo

P4 - peso da flange superior da manga intermédia

$P_i = 2\pi r_i *h *b*7,8t/m^3$

Em que: r_i - raio da superfície exterior da manga intermédia

h, - altura da manga intermédia

b, - espessura da parede

$^37,8t/m$ - peso específico do aço

$^3P_i = 2 * 3,14 * 0,6m * 1,27m * 0,001m * 7,8t/m = 0,373t.$

$P2 = 2\pi r2_{hi} b 7,8t/m^3$

Onde: r2 - raio do tubo interior da manga intermédia

h, -altura do tubo interior

b, - espessura   do metal

^{3}7,8t/m - peso específico do aço

^{3}P2 = 2 * 3,14 * 0,112m * 1,295m * 0,01m * 7,8t/m =0,071t.

^{22}P3 = (nri bi - nr2 bi) b 7,8t/m^3

Onde: ri - raio exterior do fundo

^{3}r2 - raio do círculo interno bi - espessura da parede inferior 7,8t/m - peso específico do aço

^{23}P3 = (3,14 * 0,5982m * 0,015m - 3,i4 * 0,i 12 M * 0,015m) *7,8t/m = 0,126t.

P4 = (nr32h3 - nr42h4 - nr52hs) * 7,8t/m^3

Em que: $_3$r - raio exterior da flange superior do casquilho intermédio

h3 - espessura metálica do flange superior r4 - raio do círculo interior = 0,122m.

h4 - altura do círculo interior =0,01m.

r5 - raio do entalhe superior = 0,135m

h5 - espessura do entalhe superior =0,005m.

^{2223}P4 = (3,14 * 0,64 m * 0,015m - 3,14 * 0,122 m * 0,01m - 3,14 * 0,135 m *0,005m) *7,8t/m =0,142t

Rpv = 0,373t + 0,071t + 0,126t + 0,142t = 0,712t.

Materiais necessários:

Chapa de aço 10mm. ^{2} S=5,696M P=0,444t.

Chapa de aço 15mm. ^{2} S=2,409m P=0,282t.

Cálculo do peso do esboço de capa n.º 9

Rk =P1 +P2 +P3 +P4 +P5 +P6

Onde: P1 - peso da flange quadrada

P2 - peso do anel inferior com raios 0,23m e 0,19m r = 0,23m r = 0,11

P3 - peso do anel r = 0,23m r = 0,11m

P4 - peso do anel r = 0,19m   r = 0,15m

P5 - peso do anel r = 0,19m   r = 0,11m

P6 - peso de dez reforços

P1 = P1 - P11 - P12 - P13

Onde: P si - peso do quadrado em branco 2,7m * 2,7m

P11 - peso do volume de escavação0,16m*0,0,06m

P12 - peso do furo interior r = 0,11m

P13 - peso do volume de metal nos furos 36 furos F25 mm

^{3}P11 = 0,16m * 0,06m *4 * 0,02m * 7,8t/m =0,006t.

^{23}P12 =3,14 * 0,11 m * 0,02m * 7,8t/m =0,006t.

^{23}P13=3,14 * 0,0125 m * 0,02m * 7,8t/m =0,003t.

^{3}P si = 2,7m * 2,7m * 0,015m * 7,8t/m =0,551t.

P $_1$ =0,551t -0,006t - 0,006t -0,003t =0,536t.

^{223}P2 =(PG1 - PG2) *b *7,8t/m =

^{223}= (3,14 * 0,23 m - 3,14 * 0,11 m) * 0,02m * 7,8t/m = 0,02t.

^{223}Rz = = =(PG1 - pgz) * 0,02m * 7,8t/m =

^{223}(3,14 * 0,23 m - 3,14 * 0,19 m) * 0,01m * 7,8t/m =0,008t.

^{223}P4 = (3,14 * 0,19 m - 3,14 * 0,15 m) * 0,02m * 7,8t/m =

=0,006т.

^{223}P5 = (3,14 * 0,19 m - 3,14 * 0,011 m) *0,02m * 7,8t/m =

=0,02т.

P6 =0,02t.

Rk = 0,551t + 0,02t + 0,008t + 0,006t +0,012t + 0,02 = =0,618t.

Materiais necessários:

^{2}Chapa de aço 20mm S = 5,286m   P = 0,824t.

CÁLCULO DO PESO DAS CONDUTAS DE ÁGUA DAS VÁLVULAS DE ADMISSÃO

Esboço #4

R = Ra + Rv + Rc + Rd

Onde:Ra - área da parede lateral esquerda Sa

Pv -- peso do plano superior e da superfície inferior SB = Sg

Pc - peso da área da parede lateral direita Sc

Rd - peso da zona inferior Sd

Sa= 0,2m. * (0,31m. - 0,05m.) + 0,05m. ^{2}* 1m = 0,102m .

SB = Sd = 0,27 m. * 0,4m + 0,6m. * 0,27м. ^{2}: 2 = 0.189m .

S c = 0,2m. * (0,31m. - 0,05m.) + 0,05m * 0,4m. ^{2}= 0.072m .

A soma das áreas das válvulas superiores será:

^{2}Ss = Sa + SB + Sc + Sd = 0,102m . ^{2}+ 0.189m . ^{2}+ 0.072m . ^{2}+ 0.189m . ^{2}= 0.552m .

O peso de uma caixa de tubos de água é igual a:

^{2}P = 0,552m * 0,01m. ^{3}7,8t/m = 0,043t.

O peso das quatro caixas superiores de condutas de água sob a válvula será:

Rvk = 0,043t. * 4 = 0,172т.

A soma das áreas das caixas de válvulas inferiores é igual a:

z^{222}S 1 = Sa + SB + Sc =0,102m + 0,189m + 0,072m = 0,363m^2

^{23}Rnk = 0,363m * 0,01m * 7,8t/m *4 = 0,1132t.

O peso total das caixas é de:

ΣP k = Rvk + Rnk = 0,172t. + 0,1132t. = 0,2852т.

Materiais necessários:

Chapa de aço 10mm ^{2} S=9,28m P = 0,723t

PESO DA SECÇÃO DO PONTÃO

1) . Peso das paredes laterais2 ,521t.

2) . O peso do fundo é de 0   ,419t.

3) . Peso dos reforços internos 0,427t.

4) . Peso das paredes laterais0 ,144t.

5) . Peso do cilindro escravo1 ,176t.

6) . Peso da flange superior0   ,746t.

7) . Peso das flanges para válvulas de admissão 0,138t.

8) . Peso das válvulas de admissão0 ,258t.

9) . Peso da cobertura0 ,618t.

10) Peso dos rolos0   ,339t.

11) O peso do casquilho intermédio é de 0   ,712t.

12) . Peso dos elementos de fixação0 ,05t.

13) . Peso das condutas de água0   ,2852t.

E = 7,7812т.

A flutuabilidade é de -15 ,385m^3

O peso   é igual a 7   ,7812t.

A diferença entre a flutuabilidade e o peso dará a força com que a instalação piloto funcionará.

^{3}F = 15,385m - 7,7812t. = 7,6038т.

^{3}(1m de água = 1t.)

Como esta força é inferior ao peso da secção do pontão, não será necessária água de lastro para igualar as forças. Suponhamos que, com uma força de 7,6038t, a secção de bombagem funcionará tanto na subida para a crista da onda como na descida da mesma.

As turbinas hidráulicas de balde têm até seis bocais com um diâmetro máximo de 80 mm. Neste caso, a pressão do jato expirante dependerá da área do jato. Vamos fazer alguns cálculos: Para uma unidade hidráulica com dois bicos, cada um dos quais é igual a 80 mm. Com uma agulha totalmente aberta, a pressão do jato será igual a:

^{22}P = F/S =7604kg/3   .14 * 4 cm.*2 =75.6kg/cm =75.6atm.

Esta pressão corresponde à pressão à altura da barragem de 756m.

Numa unidade hidroelétrica com um bocal de 80 mm de diâmetro, a pressão gerada será igual a:

^{2}P = F/S =7604kg/3   .14 * 4 cm. ^{2}=151.3kg/cm = 151.3atm ou 1513m.v.s.

Numa unidade hidráulica com 4 bicos de diâmetro F50mm com as agulhas totalmente abertas, a pressão do jato será igual a

^{2}P = F/S =7604kg/3   .14 * 2.5 cm*4 =96.86kg/cm2 =96.86atm. Ou 968,6m.v.s.

^{2}Numa unidade hidráulica com dois bicos de 50 mm de diâmetro, com uma agulha totalmente aberta, a pressão do jato expirante será igual a: P = F/S =

7604kg/3,14*2,5 cm. ^{2}* 2 = 192,05kg/cm = 193,7atm. Ou 1937 m.v.s.

Numa unidade hidráulica com 4 bicos de diâmetro 3,5 cm, a pressão do jato expirante será igual a

[22]P = F/S = 7604kg/3.14*1.75 cm*4 = 197.7kg/cm =197.7atm. Ou 1977 m.v.s.

Numa unidade hidroelétrica com seis bicos com um diâmetro de 3,5 cm.

A pressão dos jactos que estão a expirar será igual:

[22]P = F/S = 7604kg/3.14*1.75 cm*6 = 131.8kg/cm =131.8atm. Ou 1318 m.v.s.

Os dados obtidos são os dados iniciais para o fabricante da hidroturbina determinar a capacidade da unidade hidráulica encomendada.

Potência [kW] = Altura [m] * Caudal de água [t/seg] * Aceleração [2]queda livre [9,81 m/s] * eficiência [0,6]

[32]W =1937m * 0, 111m/seg * 9,8m/seg * 0,6 = 1264kW (dois bicos 50mm de diâmetro a uma altura de onda de 0,3m).

[32]W = 1937m * 0,333m/seg * 9,8m/seg * 0,6 = 3792kW (dois bicos 50 mm de diâmetro, com uma altura de onda de 1 metro).

W [32] =3000m* 0, 111m/seg*9 ,8m/seg * 0,6 = 1958kW (dois bicos 35mm de diâmetro a 0,3m de onda).

W [32] =3000m* 0, 333m/seg*9 ,8m/seg * 0,6 = 5874kW (dois bicos 35mm de diâmetro a 1 metro de onda).

Para determinar a estabilidade de toda a estrutura, é necessário determinar os pesos de todos os elementos estruturais, incluindo os elementos fixos.

Esquema de cálculo do peso da cabeça do pistão n.º 12

$P = P_{dn} + P_{ver} + P1 + P2 + P3 + P4 + P5 + P6 + P7$

Onde: R_{dn} - peso do fundo

T_{opo} - peso do plano superior

P1 - peso dos anéis F1,196m sobre F 1,062m.

P2 - peso dos anéis F1,142m. a F 1,062m.

P3 - peso da inserção soldada F1,1m .b=0,02m. h = 0,34m.

P4 - peso da caixa de válvulas "B"

P5 - peso da caixa de válvulas "C"

P6 - peso dos espigões

P7 -£ peso das válvulas "A" "B" "C"

[22]R_{dn} = nr * b * 7,8t/m3 - 6 * n_{r1} * b * 7,8t/m3

Onde: r - diâmetro exterior do pistão

r1 - diâmetro dos furos da válvula de admissão

b - espessura da folha

[3]7,8t/m - peso específico do metal

[2]R_{dn} = 3,14 * 0,598 m. * 0,02м. [32]* 7,8t/m - 6 * 3,14 * 0,0475 m. * 0,02м. * [3]7,8t/m =0,1685t.

^{2}Rverh= Rdn -3,14 * 0,11 m. * 0,02м. ^{3}* 7,8t/m =0,1625t.

^{22}P1 = (3,14 * 0,598 m. - 3,14 * 0,531 m.)* 0,02m. ^{3}* 7,8 t/m = 0,1482t.

^{22}P2 = (3,14 * 0,571 m. - 3,14 * 0,531 m.) * 0,02m. ^{3}* 7,8t/m = 0,0864t.

P3 = 2*nrh * b *7,8t/m3 = 2 * 3,14 *0,55m. *0,34м. ^{3} * 0,02m * 7,8t/m =0,1832t.

^{22}P4 = {(3,14 * 0,5252m. - 3,14 * 0,11 m) * 2 + (2 * 3,14 * 0,525m. * 0,06m.) - (12 * 3,14 * 0,0475 m.)} * 0,01м. ^{3}* 7,8t/m = 0,1424t.

^{222}P5 = {(3,14 * 0,4 m - 3,14 * 0,11 m.) - (6 * 3,14 * 0,045) + (3,14 * 0,8m. * 0,15m.)} ^{3}* 0,01m * 7,8t/m =   0,0625t.

P $_6$ = (seis tubos F86 com 0,34m de comprimento) = 0,032t.

Cálculo do peso das válvulas de retorno "A" "B" "C" desenho n.º 18

P7 =(P11 + P12 + P13 + P14) * 18 = (0,004t. + 0,0034t. + 0,0035t. + 0,0001t.) * 18 = 0,198t.

Onde: P11 - peso do corpo da válvula esboço n.º 18a

=0, 004т.

P12 - peso do esboço da placa de válvulas n.º 18d

= 0,0034т.

P13 - peso do desenho da base da válvula n.º 18c

= 0,0035т.

P14 - peso do esboço do casquilho de borracha #18c

=0,0001т.

O peso da cabeça do pistão será assim igual a:

P = 0,1685t. + 0,1625t. + 0,1482t. + 0,0864t. + 0,1832t. + 0,1424t. + 0,0625t. + 0,032t. + 0,198t. =1,1837т.

Materiais necessários:

Chapa de aço de 20 mm. ^{2}S = 12,017m   P = 1,875t.

Chapa de aço de 10 mm. ^{2}S = 2,67m   P = 0,203t.

Tubo F86   L = 3m.   p =

Aço laminado F200mm L = 3,5m.   R = 0,857t.

A grelha-guia foi concebida para conferir à secção da bomba um movimento estritamente vertical,

Isto neutraliza todas as forças laterais das ondas e correntes provenientes de diferentes direcções do vento. Além disso, a grelha-guia e o pistão fixo, que lhe está associado, absorvem todas as forças reactivas geradas pela secção de bombagem através da tampa de fecho, permitindo assim a geração de uma pressão elevada. O peso da estrutura de suporte da grelha, juntamente com o peso do pistão e da conduta adjacente, deve ser muito superior à força com que a unidade de bombagem funciona. Se o peso da grelha-guia, do pistão, da conduta de água e da tampa não for suficiente para neutralizar a força com que a unidade

de bombagem funciona, são adicionados blocos de betão à base da grelha-guia
Sketch n.º 23

Cálculo do peso da guia de treliça esboço n.º 13; n.º 14 n.º 15

O eixo da grelha de guia esboço №13 é feita de canal №12 na quantidade de 32m + lintel 56m ângulo 60 x60mm.40m. O peso de um metro de canal №12 é 10,4kg/m. R_{sh} = (32m. +56m.) * 0,0104t. =0,915т.

R_u = 40m. * 0,002826т. = 0,113т.

O peso do esboço da flange superior #14 é:

R_{vf} = (2,51m * 2,51m. - 2,27m. * 2,27m.) * 0,02m. * 7,8t/m3 = 0,179t.

As bases são soldadas com canal #12 e chapa de aço de 20 mm de espessura. O esboço n.º 15 e tem um peso:

A quantidade total do canal é igual a

R_{sh} = (3,27m. *4 +2,27m. * 4) * 0,0104t/m. = 0,2304т.

Na base estão oito quadrados de 0,5 m x 0,5 m, com 20 mm de espessura. E mais quatro quadrados cortados na diagonal para os reforços

R_k = 0,5 m. * 0,5м. * 12 * 0,02м. ^{3}7,8t/m = 0,468t.

O peso do esboço #16 da cobertura da grelha de guia será:

$R_k = Rf + R_z + R_r$

Onde: R_f - peso da flange

P_z - peso da fechadura

P_p - peso dos reforços

R_f = (2,51m * 2,51m - 2,27m * 2,27m) * 0,02m. ^{3}*7,8t/m =0,179t.

$^{22}R_z$ =(P_{G1} - P_{G2}) * h* 7,8t/m3

^{223}(3,14 * 0,225 m - 3,14 * 0,11 m)0,15m * 7,8t/m =0,141t.

R_p =(0.28m. + 0.01m.) : 2 * 1.03m * 6 * 0.02m. ^{3}* 7,8t/m =0,1397t.

R_k = 0,179t. + 0,141t. + 0,1397t. = 0,4597т.

CÁLCULO DO PESO DA PARTE DA CONDUTA QUE PRESSURIZA A PLATAFORMA MARÍTIMA

A linha de água é feita de tubos de aço de parede espessa F219mm. E a espessura da parede é de 10mm. O comprimento aproximado da conduta até à coluna de compensação é de 8m. O peso da conduta será igual a:

R_{vod} = 2nrbl A8T m^3

Em que r é o raio da conduta

b - espessura da parede do tubo de água

L - comprimento da secção calculada da conduta de água

^{3}7,8t/m - peso específico do aço

R_{vod}= 2 * 3,14 * 0,11m. * 0,01м. * 8м. ^{3}* 7,8t/m =0,431t.

O peso total da estrutura metálica que exerce pressão sobre a plataforma marítima será de

P = 1,1837t. + 0,915t. + 0,113t. + 0,179t. + 0,2304t. +

+ 0,468t. + 0,4597t. + 0,431t. = 3,9798т.

Materiais necessários:

Canal n.º 12 L= 116m.   P = 1,206t

Canto 60 x60mm. L = 48m.   P = 0,135t.

Chapa de aço de 20 mm. ^{2}S = 15,3m   P = 2,433t.

Fundição de aço F470mm x200mm.   P = 0,27t.

Este peso não é suficiente para compensar a força com que a secção de bombagem irá funcionar (7,604t).

Se forem feitos dois blocos de betão armado com dimensões correspondentes às extensões da base da grelha-guia, nomeadamente: 3,2m x 0,5m x 1,3m.

Nesse caso, o peso de cada bloco será igual:

Rbl = 3,2m * 0,5m. * 1,3м. ^{3}* 2,4t/m = 4,992t.

O peso total que neutraliza a pressão de trabalho da secção de bombagem será o peso dos blocos de betão, o peso da grelha de guia e todos os seus elementos:

P = 4,992. *2 + 3,98т. =13,964т.

Os blocos de betão na água serão mais leves pelo peso do volume de água deslocado por eles, o que equivale a:

P1 = 3,2m * 0,5m. * 1,3м. ^{3}* 2 * 1 t/m = 4,16t.

Então, a força de compensação efectiva da flutuabilidade do pontão será igual a:

P = 13,964t. - 4,16т. = 9,804т.

Este valor é superior em 2,2 toneladas à força com que o pontão irá trabalhar e é suficiente para estabilizar toda a estrutura sob a ação das ondas.

Para o fabrico da coluna de expansão e das condutas de água serão necessárias:

Chapa de aço 20mm. ^{2}S=17,883м P =2,789t.

Tubo F 219 x10мм   L=10м.   P= 0,3t

Flanges DU200mm na quantidade de 30pcs.

Curvas DU200mm x 12mm 20 pçs.

O regulador de pressão, como já foi referido, é feito de aço inoxidável e foi concebido para manter a pressão da água estável quando esta é alimentada às pás da turbina hidráulica. Se esta pressão for ligeiramente excedida, um segundo regulador de pressão descarrega o excesso de água de volta para o reservatório. A vista geral do regulador de pressão é mostrada no desenho n.º 19. A válvula n.º 12, pressionada pela mola n.º 7, só abre quando a pressão da água excede a pressão criada pela mola n.º 7 e é totalmente empurrada até ao batente contra o plano superior do casquilho de passagem n.º 2. Neste caso, a secção transversal total dos oito orifícios do casquilho n.º 2 será ligeiramente maior do que a secção transversal do tubo de água de 200 mm. A pressão de trabalho é selecionada pela compressão gradual da mola n.º 7 pela porca n.º 9. Vamos calcular os materiais necessários para o fabrico do regulador de pressão.

O corpo do esboço do regulador de pressão n.º 19a é soldado, feito de chapa de aço inoxidável com 20 mm de espessura.

Flange superior ^{2}S = nr e é igual a 3,14 * 0,3352m. = 0,353м^2

Paredes laterais S = 2nrh = 2 * 3,14 * 0,245m * 0,335m =0,516m^2

Fundo ^{2}S = nr = 3,14 * 0,2352m = 0,174m^2

Tubos ^{2}S = 2nrh = 2* 3,14 * 0,11 m * 0,23m * 2 = 0,035m^2

Flanges ^{22}S = nr = 3,14 * 0,18 m * 2 = 0,2m^2

$$_z{}^{22222}S = 0,353m + 0,516m + 0,174m + 0,2m + 0,035m = 1,278m^2$$

dois reguladores de pressão 2,556m^2

O esboço do casquilho de passagem n.º 19c é feito de aço inoxidável fundido F 460mm H =120mm dois espaços em branco.

O esboço do casquilho espaçador #19p pode ser feito de peças fundidas de aço F135mm L=400mm

Ou a partir de chapa de aço de 20 mm pré-soldada ao diâmetro necessário, bem soldada no chanfro profundo preparado. S = 2nrh *2 =2*3,14 * 0,07m * 017m * 2 = 0,15m^2

O desenho da tampa de pressão n.º 19m é feito de aço inoxidável de 20 mm. Para duas tampas

^{2}S = nr = 3,14 * 0,1252m * 2 = 0,1m^2

As anilhas para juntas tóricas do desenho n.º 19F são feitas de chapa de aço inoxidável de 20 mm, a área total dos espaços em branco será

^{2}S= nr =3,14 * 0,072m * 4 *2 = 0,13m^2

Esboço da arruela de pressão №21 é feita de chapa de aço inoxidável 20 mm para duas arruelas a área de espaços em branco será igual a

^{22}S= nr =3,14 * 0,055m * 2 = 0,02m^2

$_1$As anilhas para fixar a junta de borracha do desenho da válvula reguladora de pressão n.º 19d são feitas de chapa de aço inoxidável de 20 mm.

(dois reguladores de pressão)

^{2}S= nr = 3,14 * 0,1552m. * 2 = 0,15м^2

O esboço do copo de mola #20 é feito de chapa de aço inoxidável de 20 mm.

A flange inferior é perfurada em chapa de aço inoxidável de 20 mm.

^{2}S = nr = 3,14 * 0,2252m = 0,159m^2

Nervuras de reforço em chapa de aço inoxidável de 20 mm.

S = (0,45m - 0,25m) * 0,2m + (0,45m - 0,25m) * 0,35m : 2 * 4 = 0,14m^2

O copo é soldado, soldado e depois perfurado a partir de uma chapa de aço inoxidável de 20 mm.

$S = 2\pi rh = 2 * 3{,}14 * 0{,}0725m * *0{,}35m = 0{,}16m^2$

O plano superior do copo é feito de chapa de aço inoxidável de 20 mm.

$^{22}S = \pi r = 3{,}14 * 0{,}07\ m = 0{,}015m^2$

$_z{}^{2222}S = 0{,}159m + 0{,}14m + 0{,}16m + 0{,}015m = 0{,}474m^2$

^{2}Para dois reguladores $S^\wedge = 0{,}474m * 2 = 0{,}948m^2$

Esboço da caixa de vedação #19c soldada (soldadura de árgon), feita de peças fundidas n/rz f450mm * *300mm 2pcs e chapa de aço n/rz 20mm.

$^2S = \pi r = 3{,}14 * 0{,}3252m * 2 = 0{,}664m^2$

Esboço de válvula reguladora de pressão n.º 19d soldada, feita de peças individuais: aço n/r laminado F60mm. L = 2m.

^{222}E chapa de aço inoxidável 20mm $S = \pi r = 3{,}14 * 0{,}16\ m * 4 = 0{,}33m$. O anel de vedação rígido de borracha, esquema n.º 19E, é fixado pelo anel de pressão, esquema n.º 19d1, através de seis parafusos de aço inoxidável M6 escareados. Segue-se a tabela de consumo de materiais para a produção da secção da bomba. Com base nos dados resumidos apresentados neste quadro, será elaborado a seguir um quadro do custo dos materiais necessários em moeda local e em dólares equivalentes, no final de 2016.

	QUADRO N.º 1 Custo dos materiais necessários	Se honestamente Material necessário	Preço por unidade Homem.	Preço por unidade $	Total Preço Homem.	Preço total S	Nota
1	Placa de aço 10mm	^{2}69,046 m 5,759 toneladas	1257,8	704,1	11320,2	6339,1	9 folhas 10* 1500'6000mm
2	Chapa de aço 1Bm.m	7,228 и^1 0,797 т	1213,6	679,6	2127,2	1359,2	2 folhas **15*** 1500* SOOOmm
3	Chapa de aço 20mm	50.486 M^1 7,921 T	1222,6	684,7	8558.2	4792,6	7 folhas 20* 1500* 6000mm.
4	Chapa de aço 30mm	г^{2}6 7 m 1,111t	1263,7	707,7	1263,7	707,7	**1 folha** 30*1500' 6000mm.
5	Chapa de aço B om.m	^{1}1,122 m 0,565 t	1355,3	758,9	1355,3	758,9	1 folha BO* 1500* 6000mm.
Б	Aço laminado FZOmm	2 м 0,011 т	1462,7 **Homem/t**	819,2 $A	16,1	9,0	
7	Aço laminado F200mm	3,5 м 0,857 т	1462,7 **Homem/t**	819,2 S/T	1253,5	702,1	
B	Aço laminado F220mm	1 м 0,296 т	1462,7 Homem/t	819,2 SA	432,9	242.5	
9	Tubo F 86 x 6 mm	2L m	11,5 Homem/metro	**6.44** S/metro.	28.75	16.1	
ю	Tubo F219x 10mm	18 м	1134,1	635,3	310,3	190,6	0,300 т
11	Canal n.º 12	0.5 т	1296,1	725,8	648,1	362,9	
12	Canto 60 x E mm	0,3 т	1296,1	725,8	388.8	217,7	
13	Chapa de aço 20mm	5,O48m.'	5745,1	3217,4	5745,1	3217,1	**1 folha** 20*1500* 6000mm
14	Peças fundidas em aço inoxidável F 170mm H 200mm	2 nt.	4000.0	2240.0	2000.0	1120,0	0,5т
15	Aço n/a aço FUNDIDO F150 H 300 mm	2 peças.	4000,0	2240,0	2800,0	1568,0	0,7т
16	Aço inoxidável moldagem F460 H 120mm	2 peças.	4000.0	2240.0	1100,0	784,0	0,35т

17	Aço n/r FUNDIDO F 135mm 400mm	2 peças.	4000,0	2200,0	400,0	220,0	0,1т
					40328,45	22608,1	

		Chapa de aço inoxidável 20mm	
Caixa do regulador de pressão	esboço #19	2,556	$м^2$
Bucha da próstata	№19n	0,15	$м^2$
Esboço da tampa de pressão	№19m	0,1	$м^2$
Desenho da anilha de vedação	№19F	0,13	$м^2$
		5,048	$м^2$
Esboço de anilhas de mola	№21	0,02	$м^2$
Anilhas para montagem do suporte roscado.	esboço #19di	0,15	$м^2$
Esboço do copo de mola	№20	0,948	$м^2$
Esboço da caixa de vedação	№19c	0,664	$м^2$
Esboço da R.D.da válvula	№19d	0,33	$м^2$

	Quadro n.º 2 Custos dos materiais	Quantidade de materiais necessários	Preço por unidade Homem.	Preço por unidade $	Soma dos preços	Montante Preço $	Nota
1	Vergalhão F30mm	0,8 т	7,6	4,25	980,4	548,3	1m-0,0062t
2	Betão	$12м^3$	191,5	107,2	2298,1	1286,8	
3	Flanges DU200mm	40 unidades.	55,98	31,35	2239,2	1253,9	
4	Fecho Acessórios DU200	4 peças.	1729,4	968,5	6917,6	3873,8	
5	Inverter Válvula DN200	1 unidade	1915,1	1072,5	1915,1	1072,5	
6	Medidor de caudal DN 200mm	2 peças.	4615,3	2584,6	9230,5	5169,1	
7	Manómetro de 250atm	3 peças.	107,0	59,92	321,0	179,76	
8	Cabo el.	150 м	-	-	-	-	
9	Zinco encontrado.	30 kg	5154 homem/t	2886 $/т	154,6	86,58	
10	Pintura	150 kg	7,37	4,12	1104,8	619,1	
11	Eléctrodos	0,5 т	3,71man/kg	2,07	1856,2	1038,8	
12	Parafusos com porcas M 24 x100	40 unidades.	1.4 homem	0,78	56 mana.	31,36	
13	Parafusos M16x45	130 peças.	0,8 homem	0,45	104 homem	58,24	
14	Âncoras Parafusos M24x100	4 peças	2.6 homem	1,15	10.4man	5,8	

15	Parafusos M24x70	25 peças.	1 homem		25 de mana.		
16	Parafusos de cabeça escareada em aço inoxidável. cabeçaM6x25	15 peças.	0,4 homem	0,22	6 de mana.	3,36	
17	Parafusos M16x40	20 unidades.	0,75 homem	0,42	15 de mana.	8,4	
18	Parafusos de aço inoxidável M22x50	20 unidades.	1,5 homem	0,84	30 de mana.	16,8	
19	Parafusos de aço inoxidável M12x40	20 unidades.	0,8 homem	0,44	16 de mana.	8,96	
20	Curvas F200x12mm	20 unidades.	153,2	85,8	3063,6	1715,8	
					30343,5	16977,4	

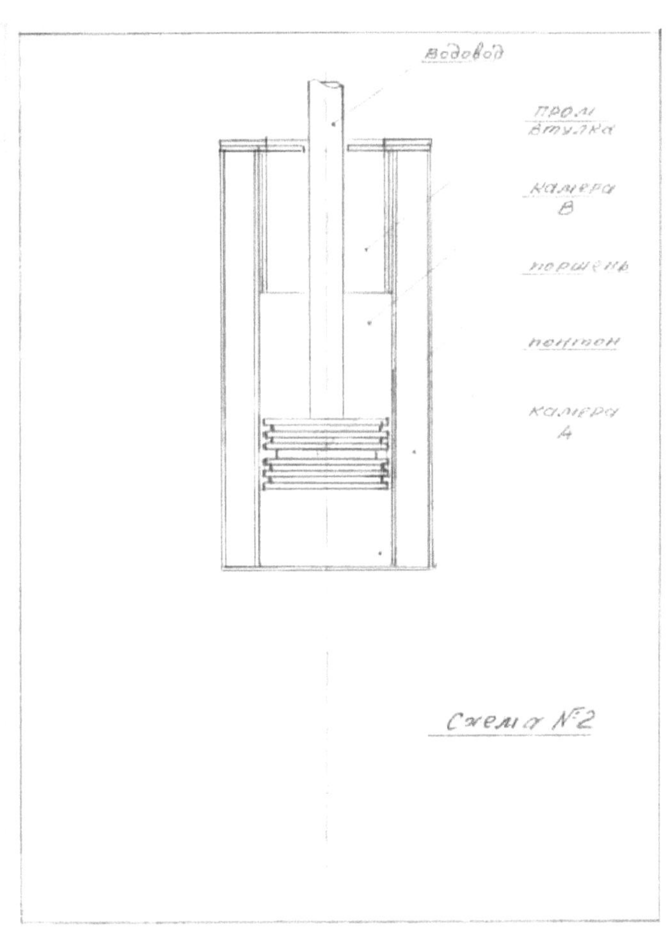

Схема №2

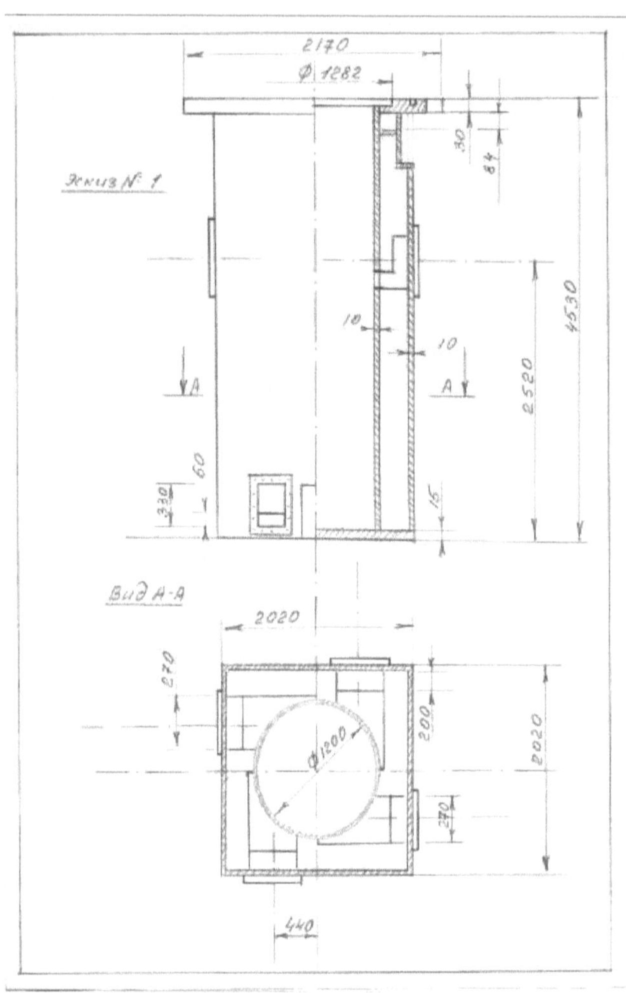

2170
Ф 1282
Эскиз № 1
30
84
4530
2520
10
10
A
A
60
330
15
Вид А-А
2020
270
Ф1200
200
2020
270
440

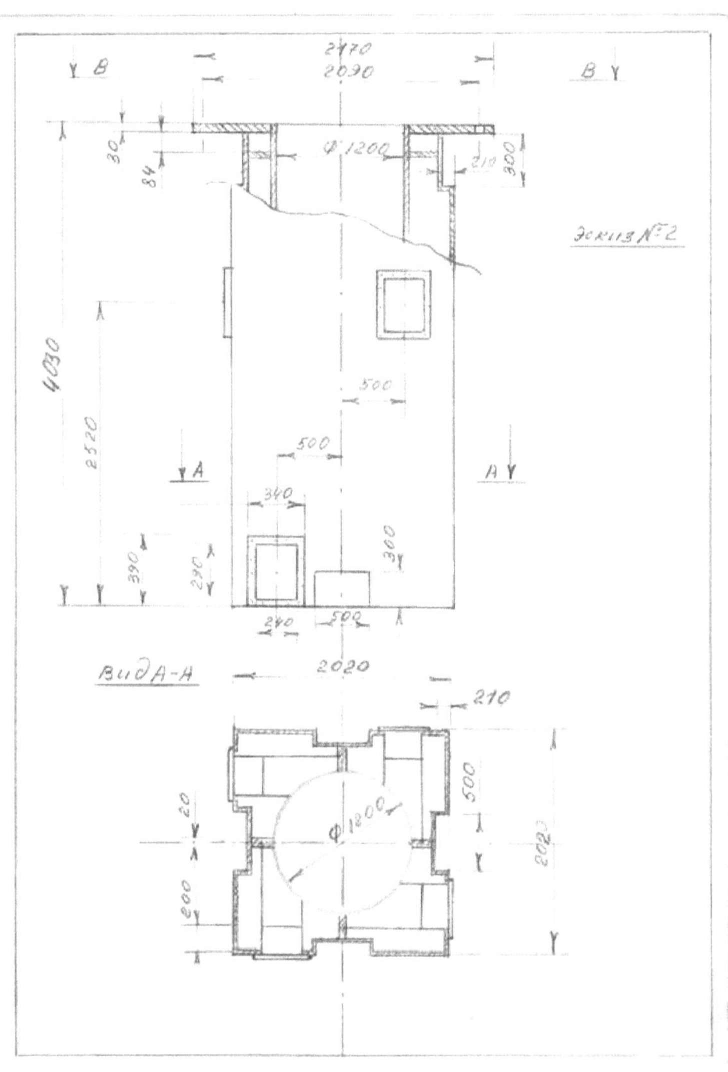
В
2470
2090
В
Эскиз №2
30
84
Ф 1200
210
300
4030
2520
500
500
А
А
340
360
390
290
300
240
500
2020
Вид А-А
210
20
500
Ф 1800
2023
200

Эскиз № 2а

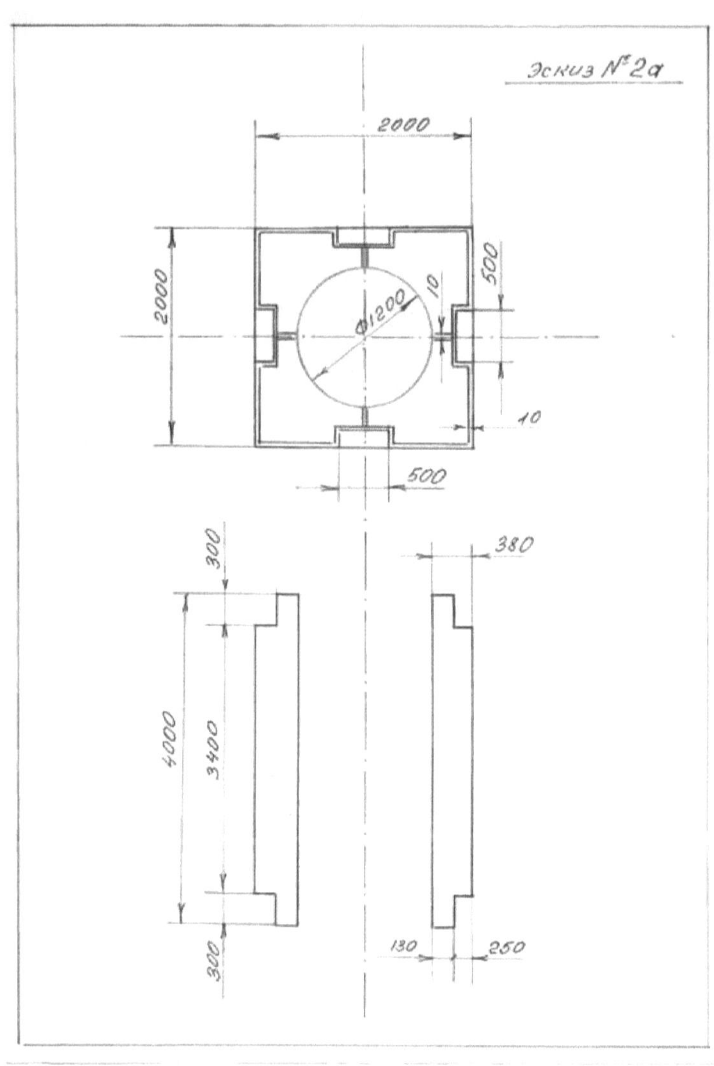
2000
2000
500
Ф1200
10
500
10
300
3400
4000
300
380
130
250

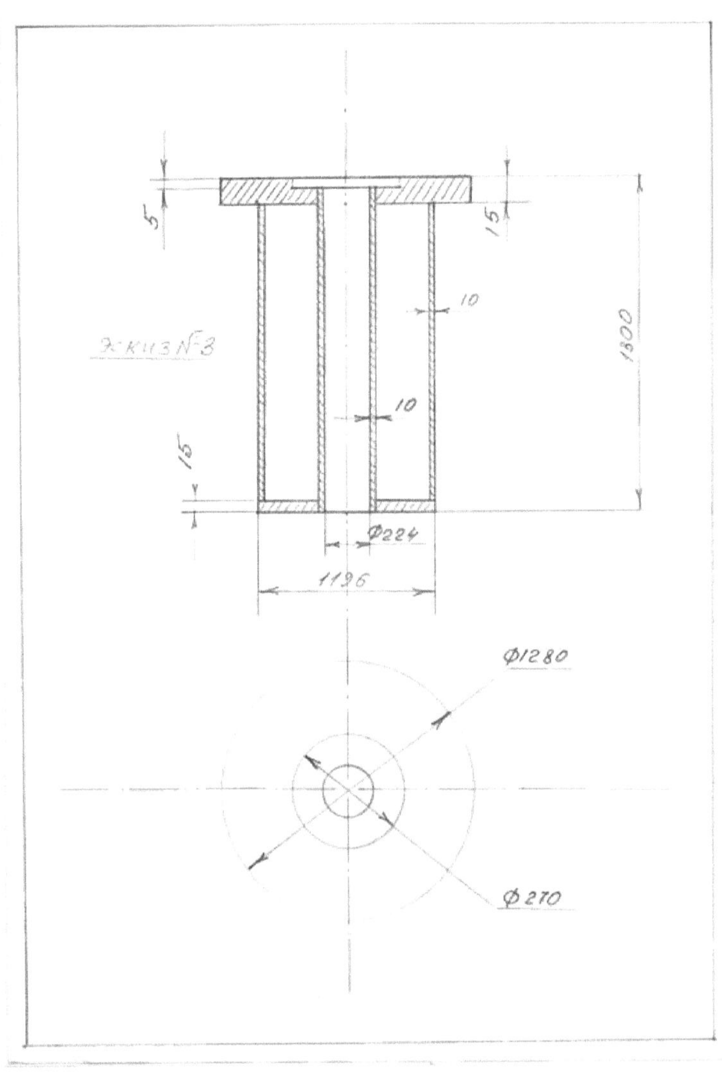
Эскиз №3
5
15
10
10
1500
15
Ф224
1196
Ф1280
Ф270

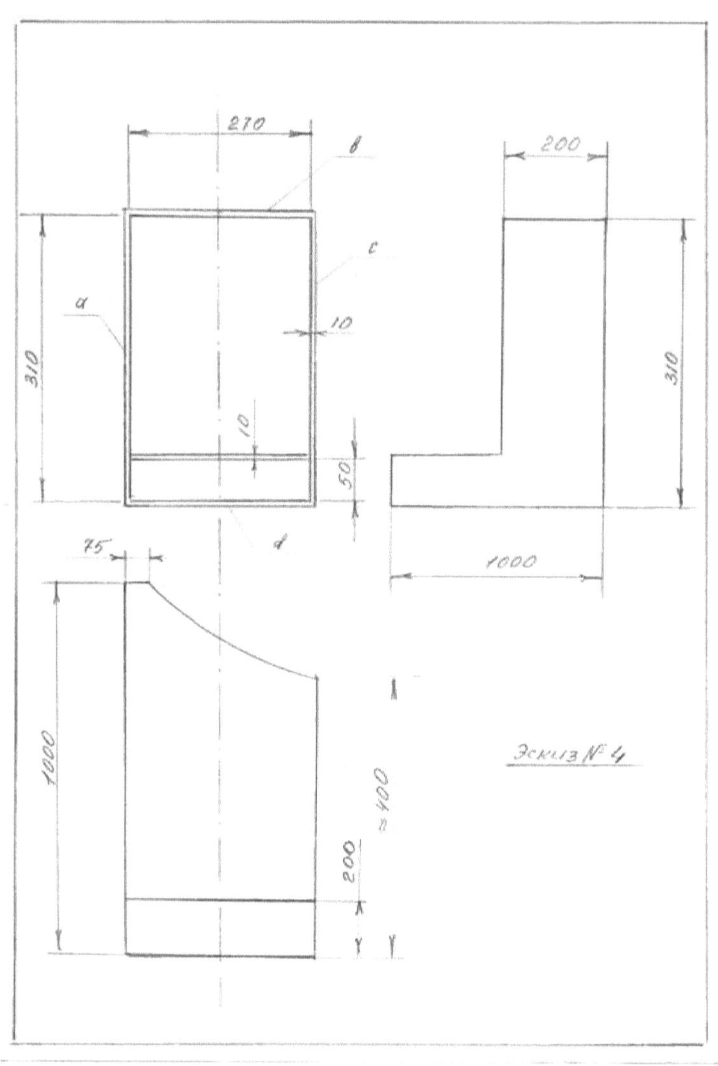

270
в
с
10
а
310
10
50
d
200
310
1000
75
1000
200
≈400
Эскиз № 4

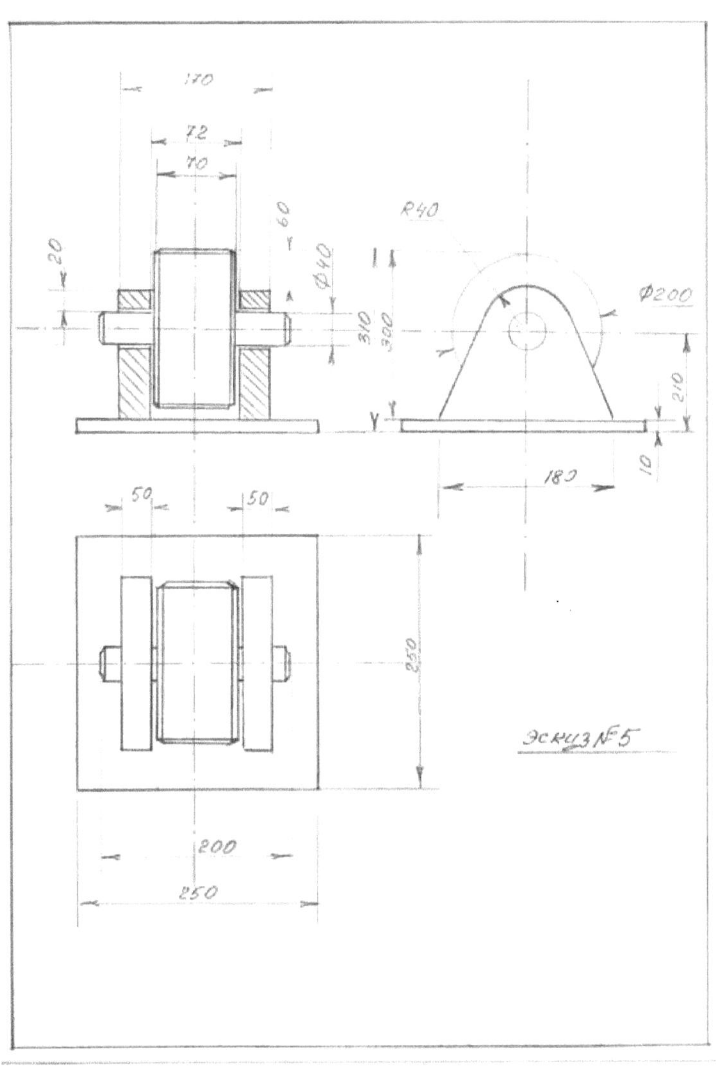

170
72
70
60
20
Ø40
310
300
R40
Ø200
210
180
10
50
50
250
200
250
Эскиз № 5

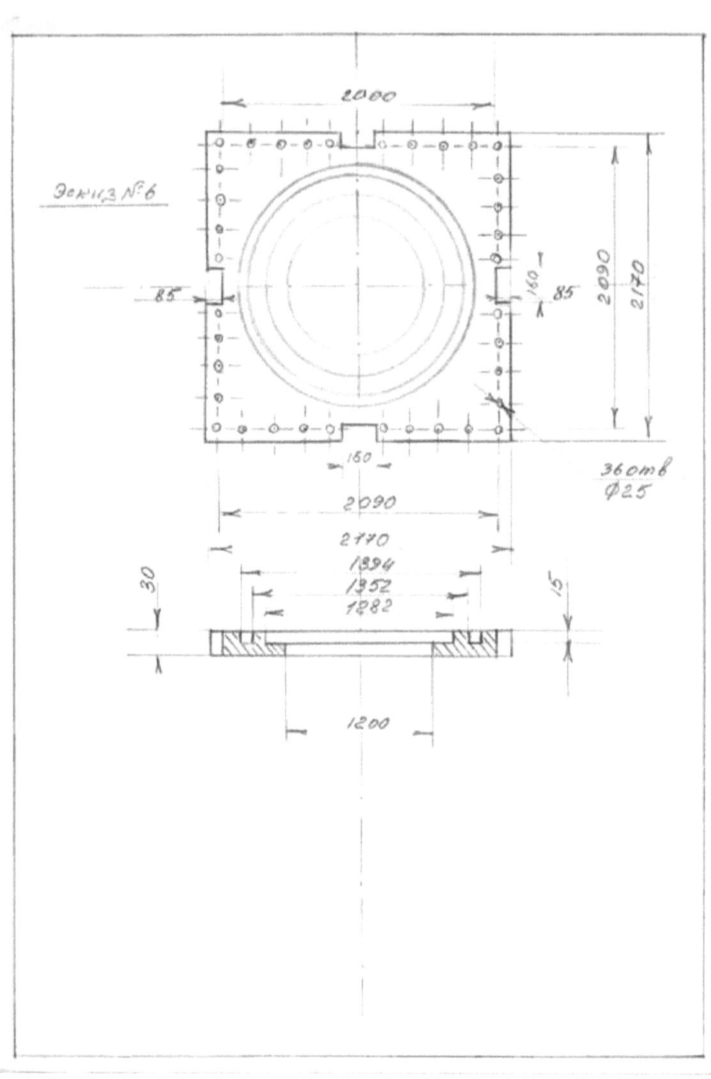

Эскиз № 6
2000
2090
2170
160
160
85
85
360 отв
Ф25
2090
2170
1394
1352
1282
30
15
1200

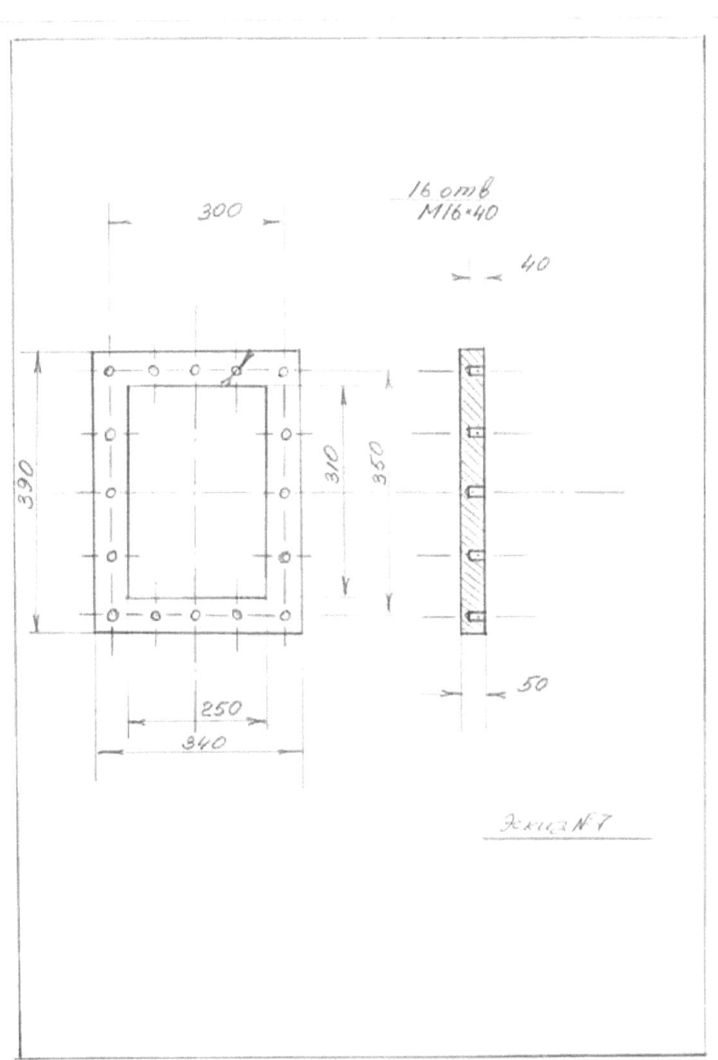

300
16 отв
M16×40
40
390
310
350
250
340
50
Эскиз №7

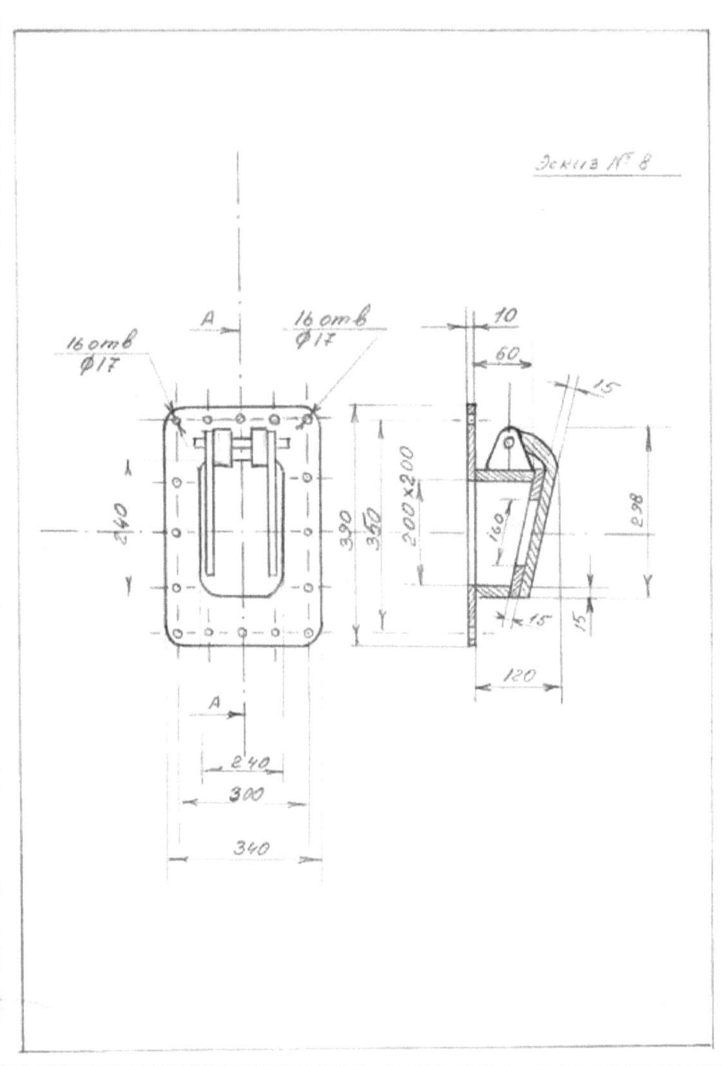
Эскиз № 8
16 отв
Ø17
16 отв
Ø17
16 отв
Ø17
А
А
240
390
350
200х200
300
340
240
10
60
15
160
15
15
120
298

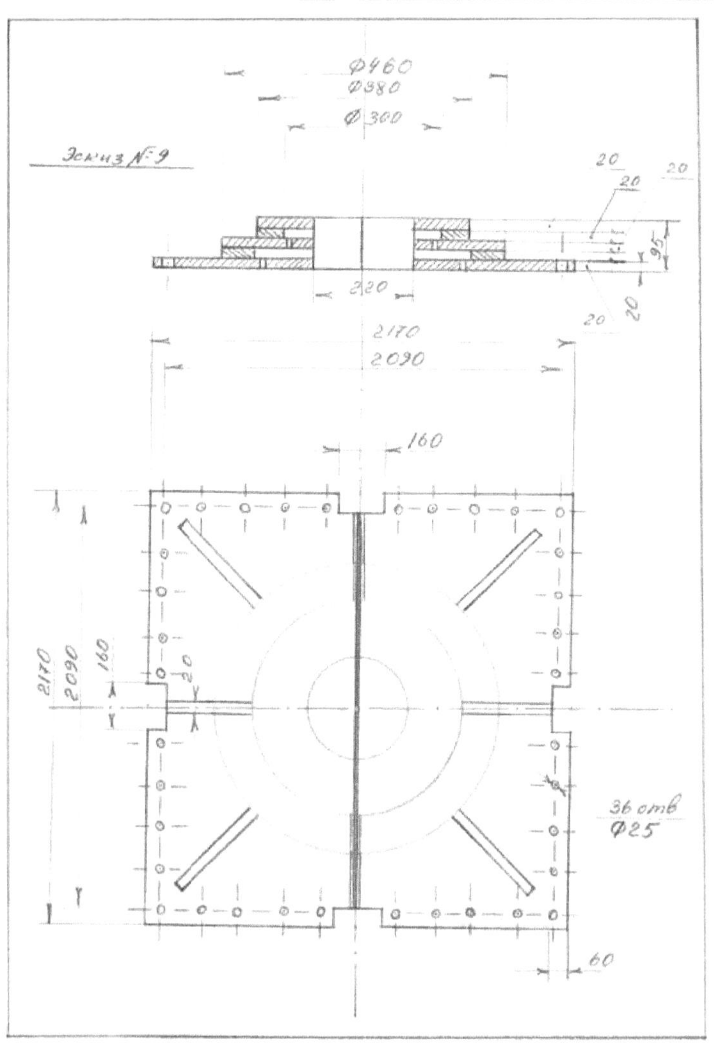
Эскиз №9
Ф460
Ф380
Ф300
20
20
20
95
220
20
20
2170
2090
160
160
20
2170
2090
36 отв
Ф25
60

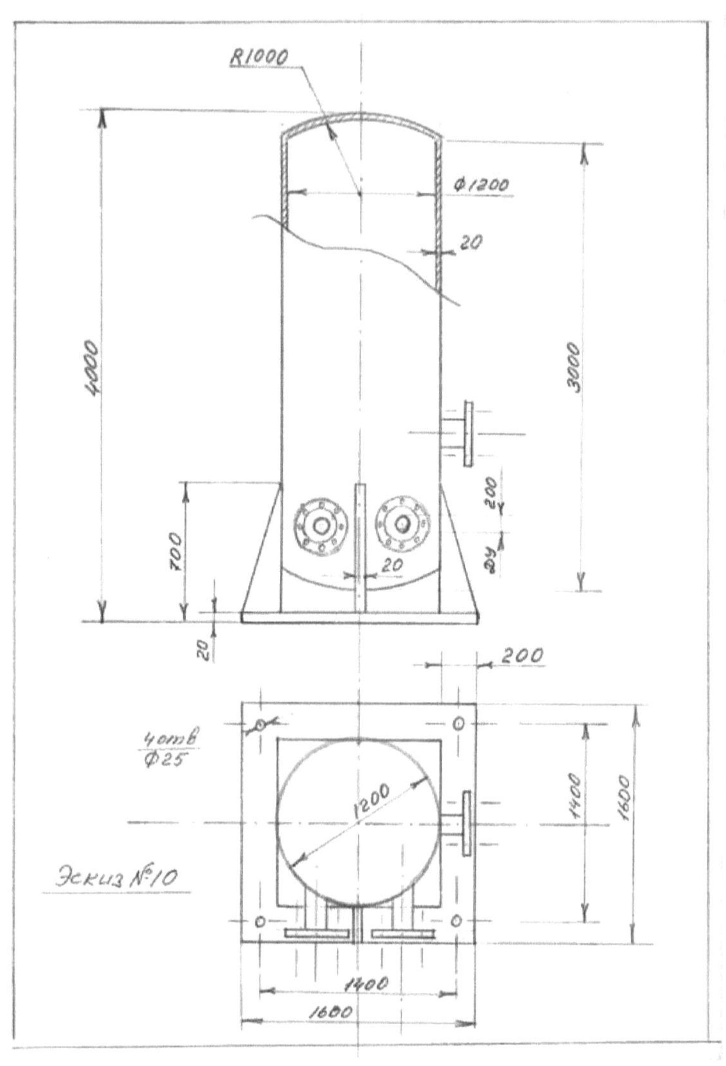

R1000
Ф1200
20
4000
3000
700
200
Ду
20
20
200
4 отв
Ф25
1200
1400
1600
1400
1600
Эскиз №10

Вид В-В

2170
85
85
85
1200
160
2090
2170
2090
160
85
Ø1282
2090
36 отв
Ø25

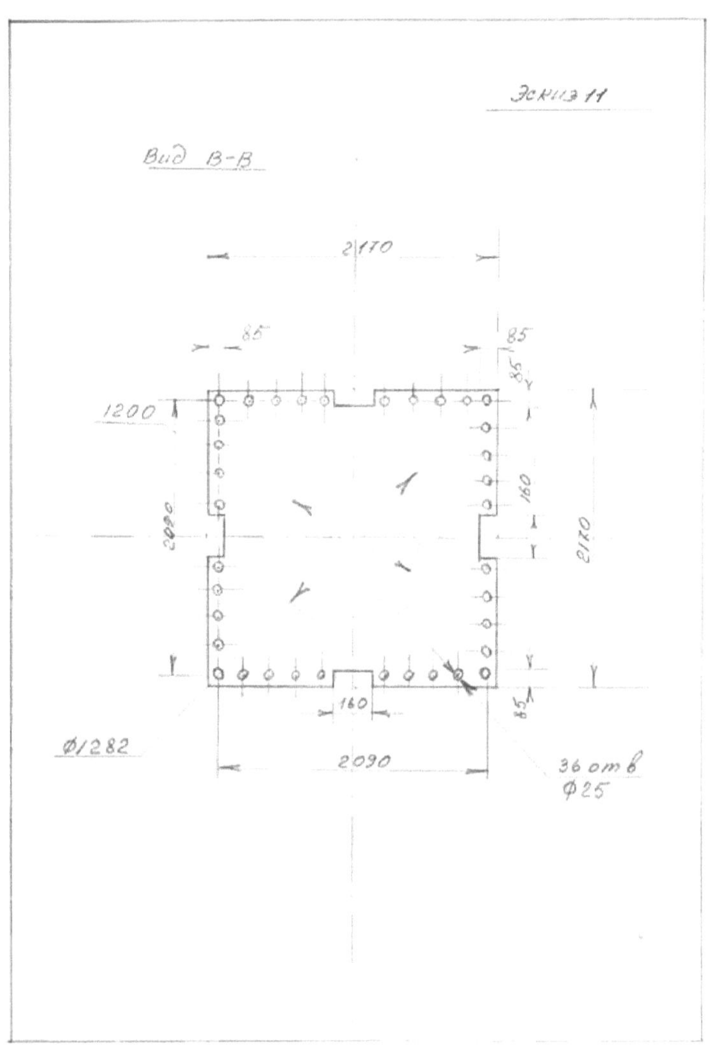

Эскиз 12
Ø360
Ø219×20
Ø 930
Ø800
50
20
20
20
20
20
540
340
Ø1100
20
20
80
20
20
C
C
B
B
A
A
Ø 842
Ø 1062
Ø 1142
Ø 1196
18 отв
Ø 95

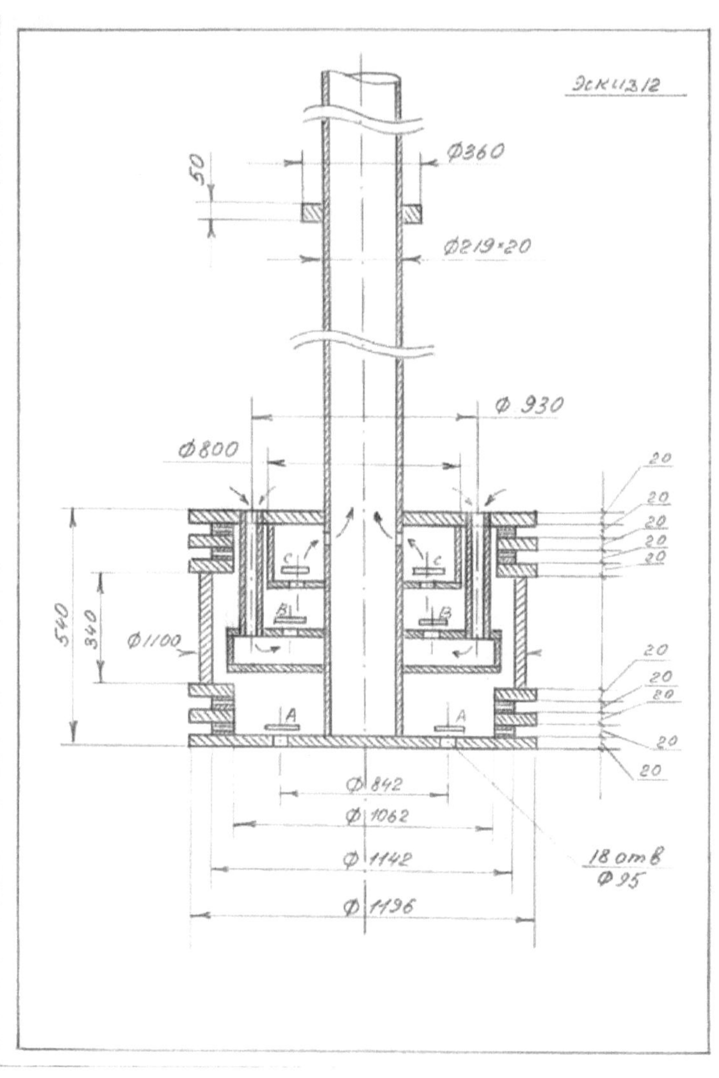

50

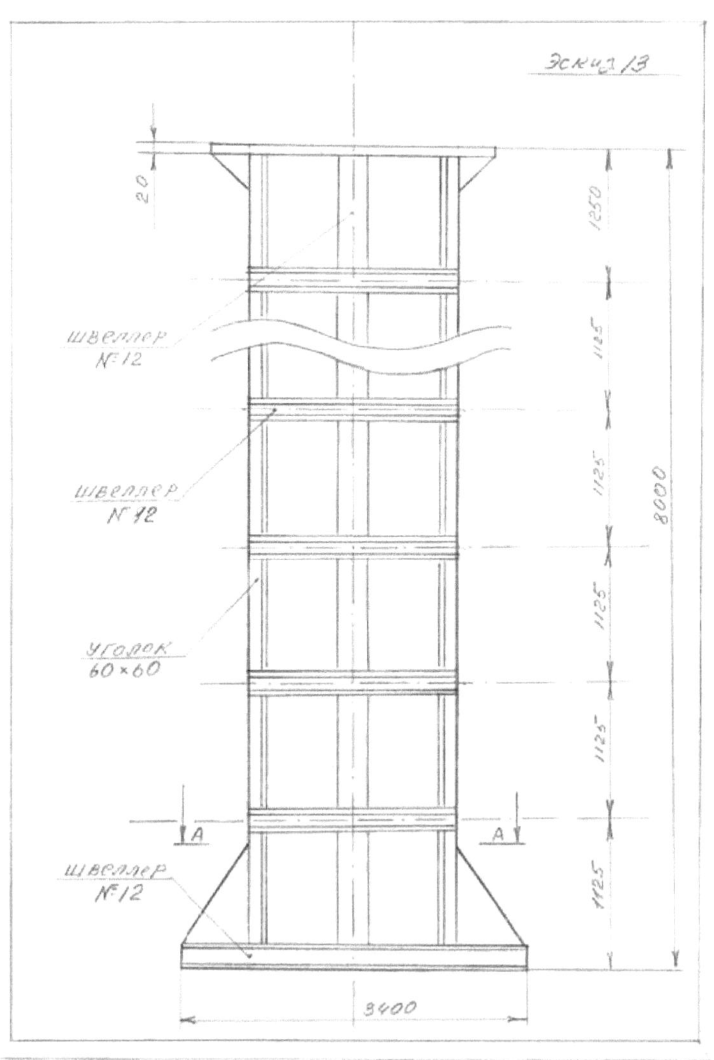

Эскиз 13
20
1250
1125
1125
1125
1125
1125
8000
ШВЕЛЛЕР
№ 12
ШВЕЛЛЕР
№ 12
УГОЛОК
60×60
ШВЕЛЛЕР
№ 12
А
А
3400

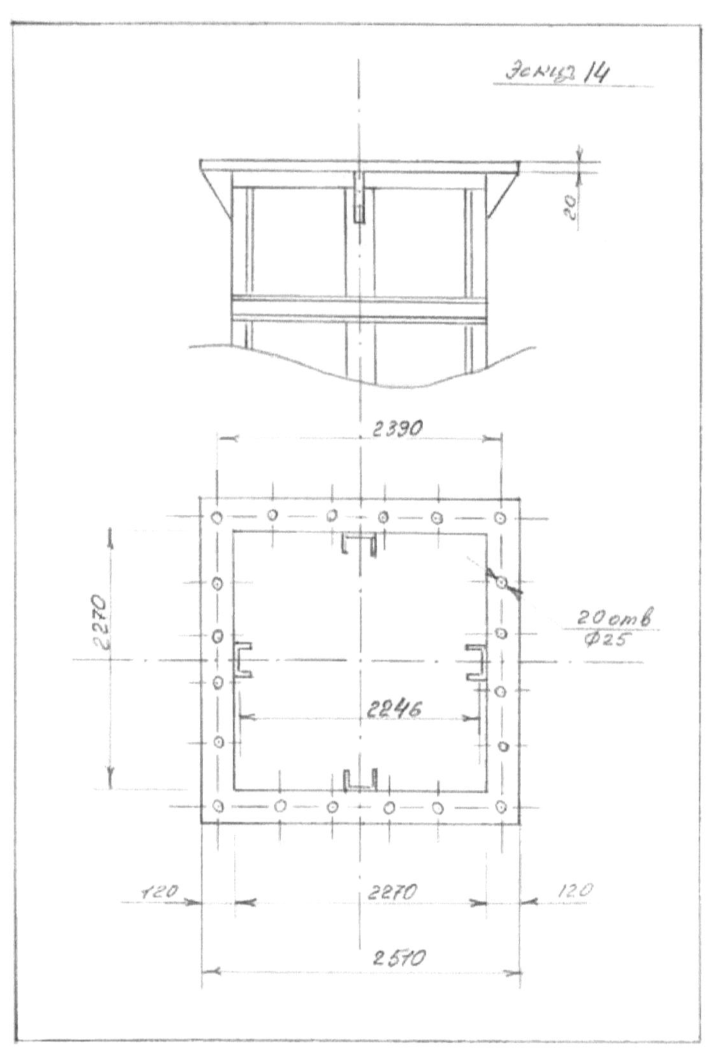

Эскиз 14
20
2390
2270
2246
20 отв
Ø25
120
2270
120
2510

Эскиз 15
500
500
500
2246
2200
3400
2270
500
3400

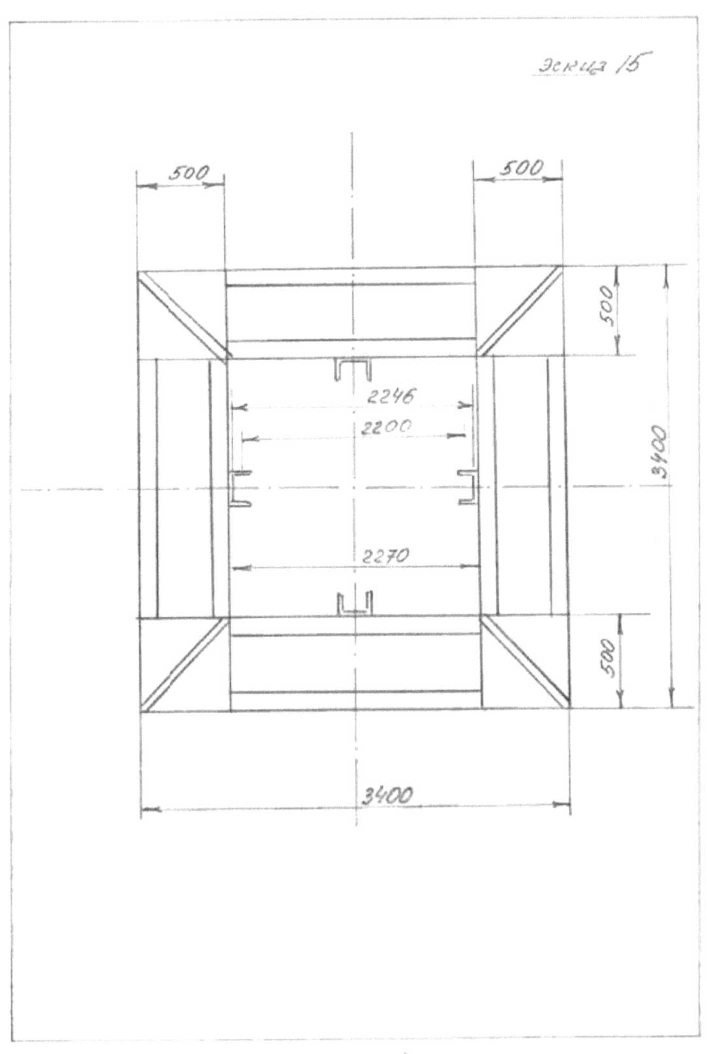

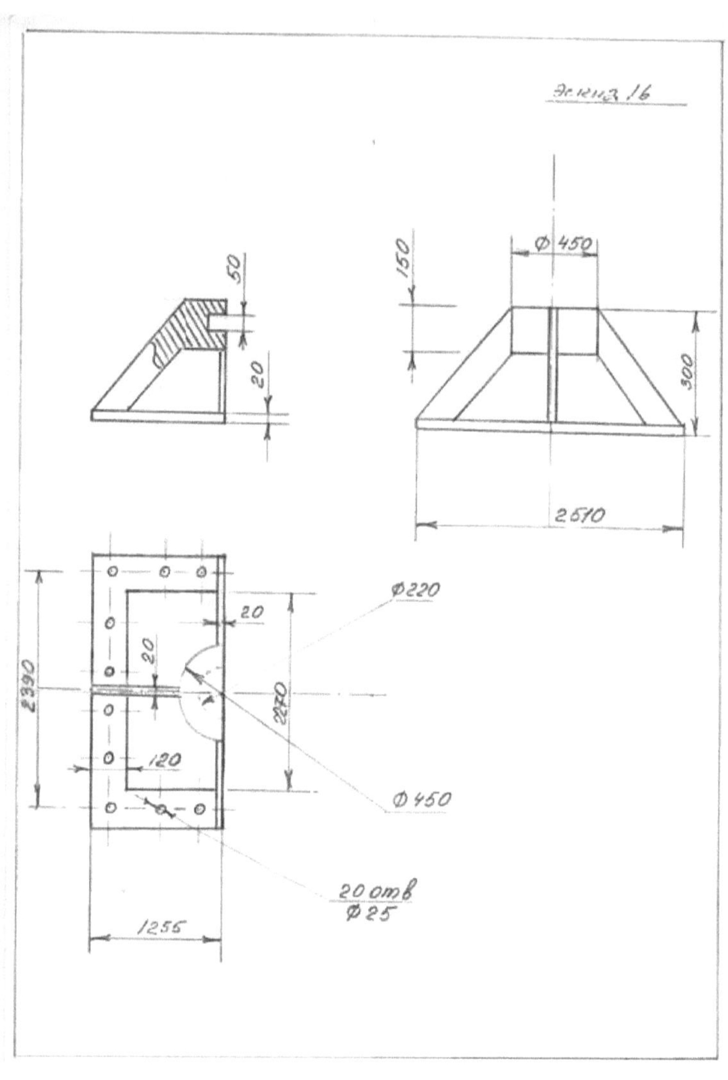

50
20
150
Ø 450
300
2510
Ø220
20
20
2390
240
Ø 450
120
20 отв
Ø 25
1255

55

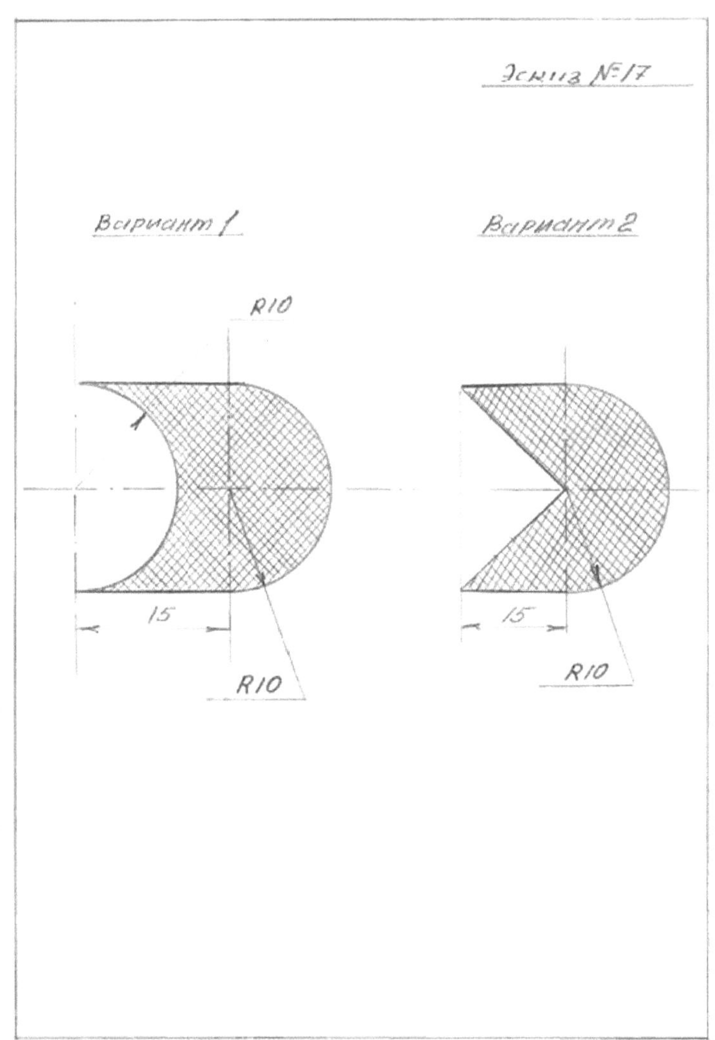

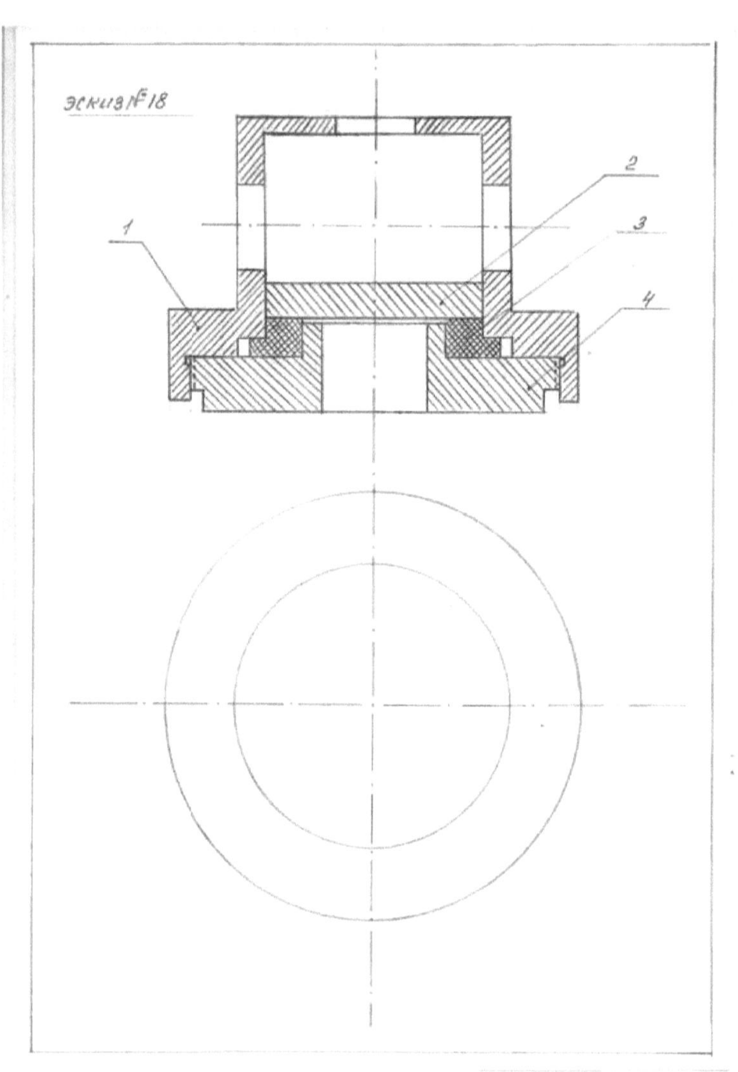

эскиз №18
1
2
3
4

эскиз № 18а
Ø185
М170×1,5
38
45
72
6
А
Ø150⁺⁰·⁰²
65
47
110
А
Ø32
Ø162
8отв Ø32

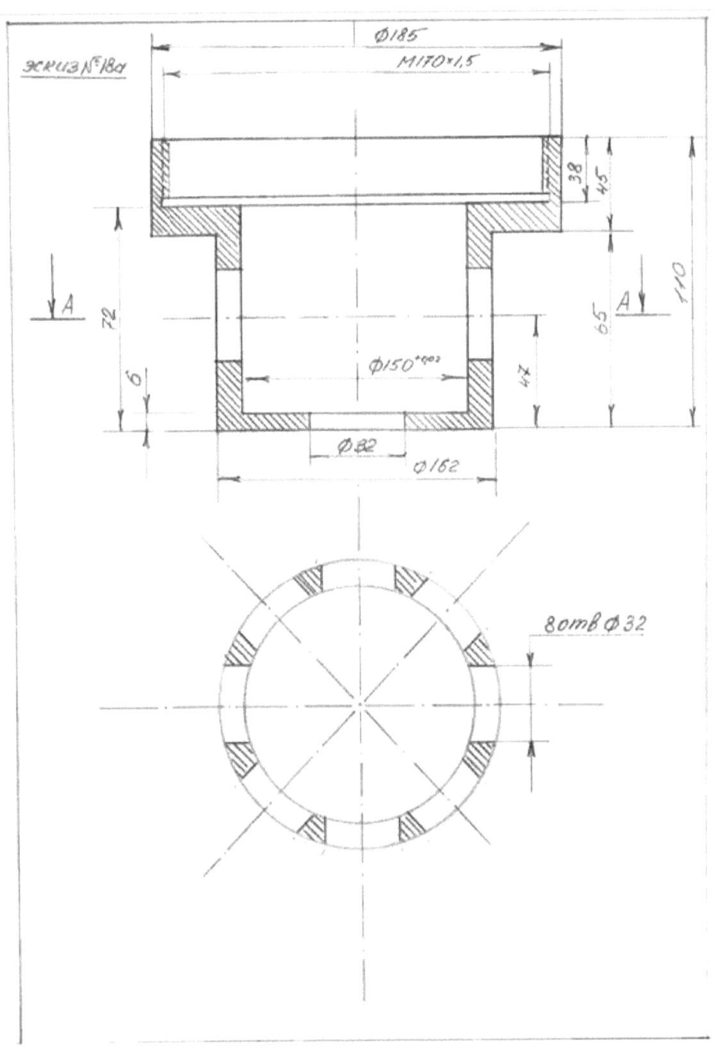

57

Эскиз № 18В

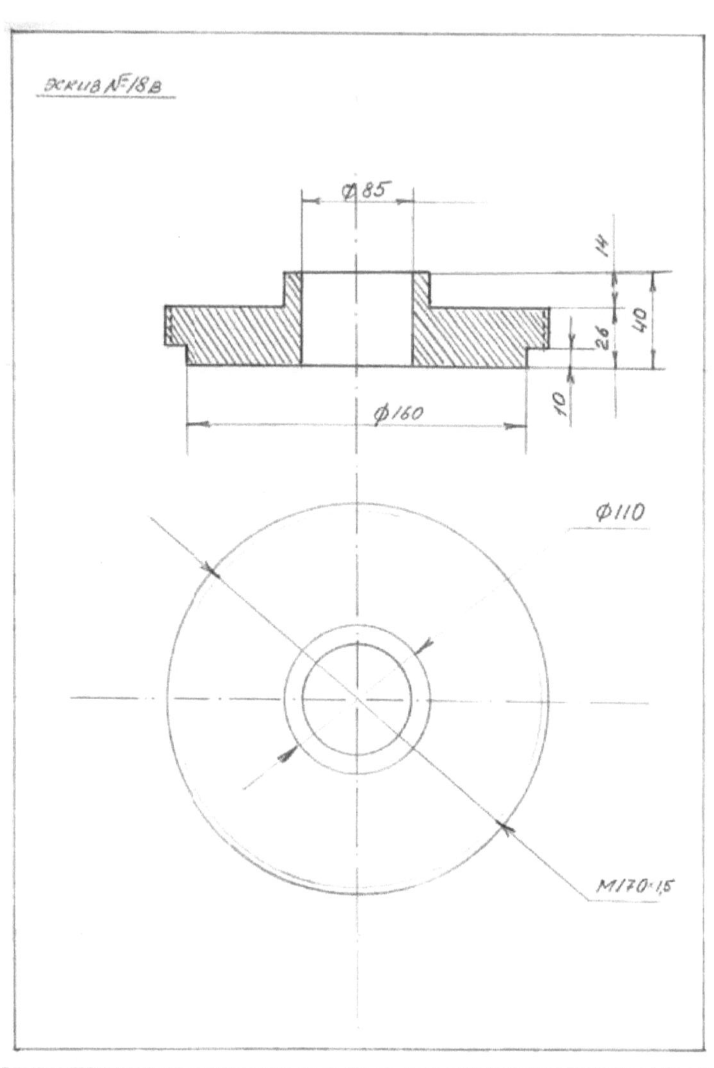

Ø85
14
40
26
10
Ø160
Ø110
М170×1.5

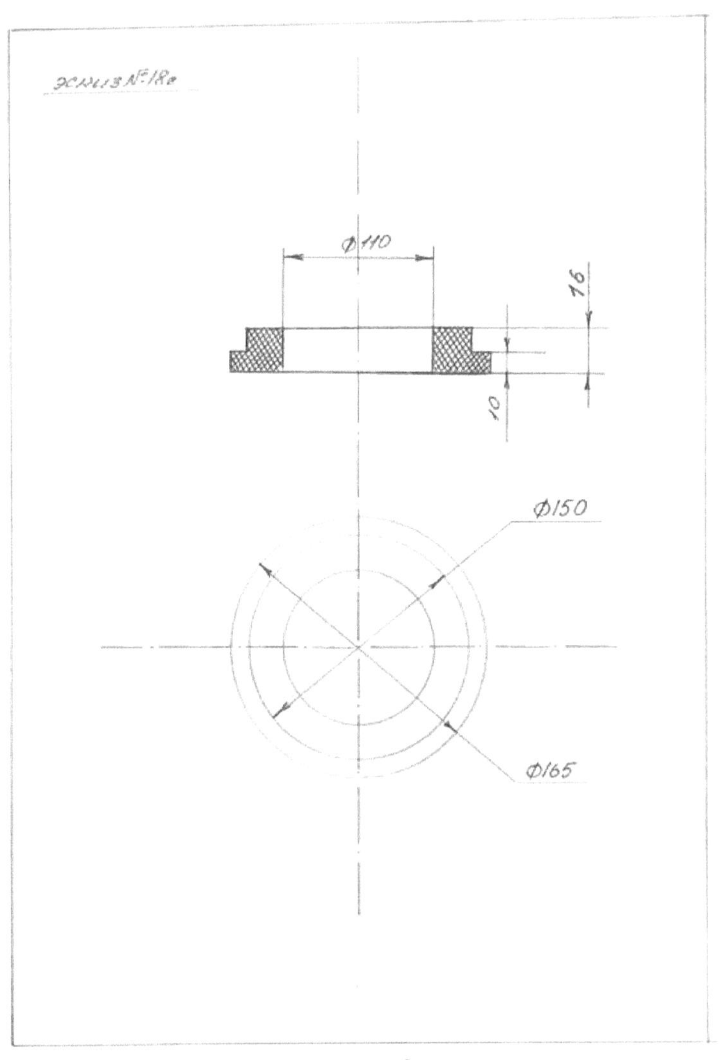
Ø110
16
10
Ø150
Ø165

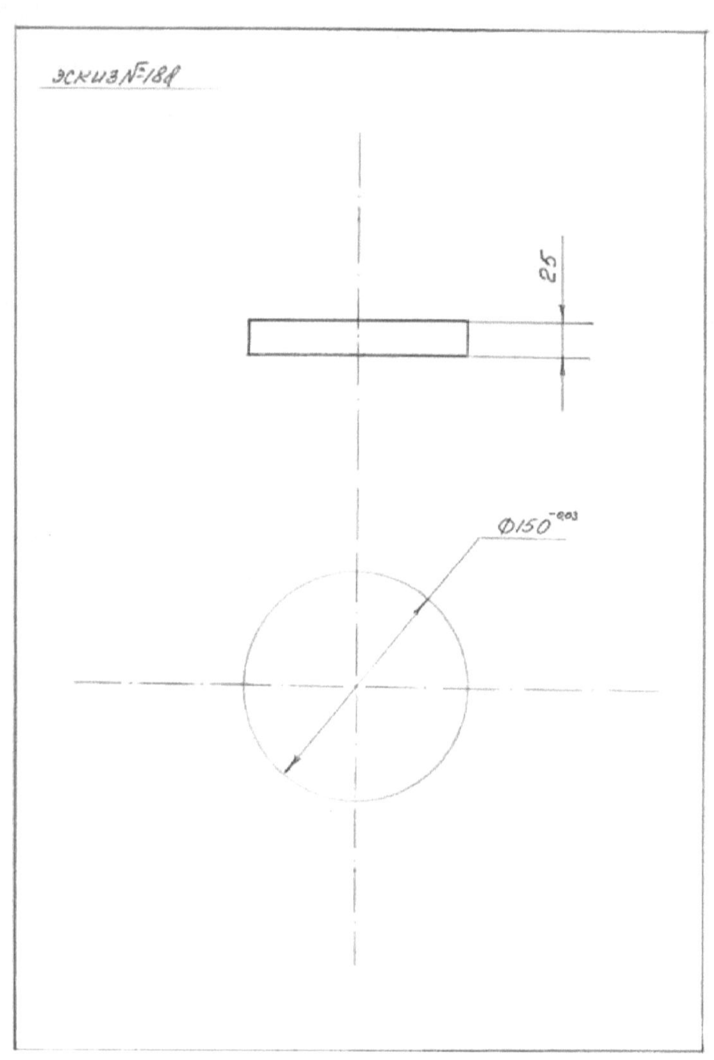

25
Ø150 -0,03

Эскиз №19

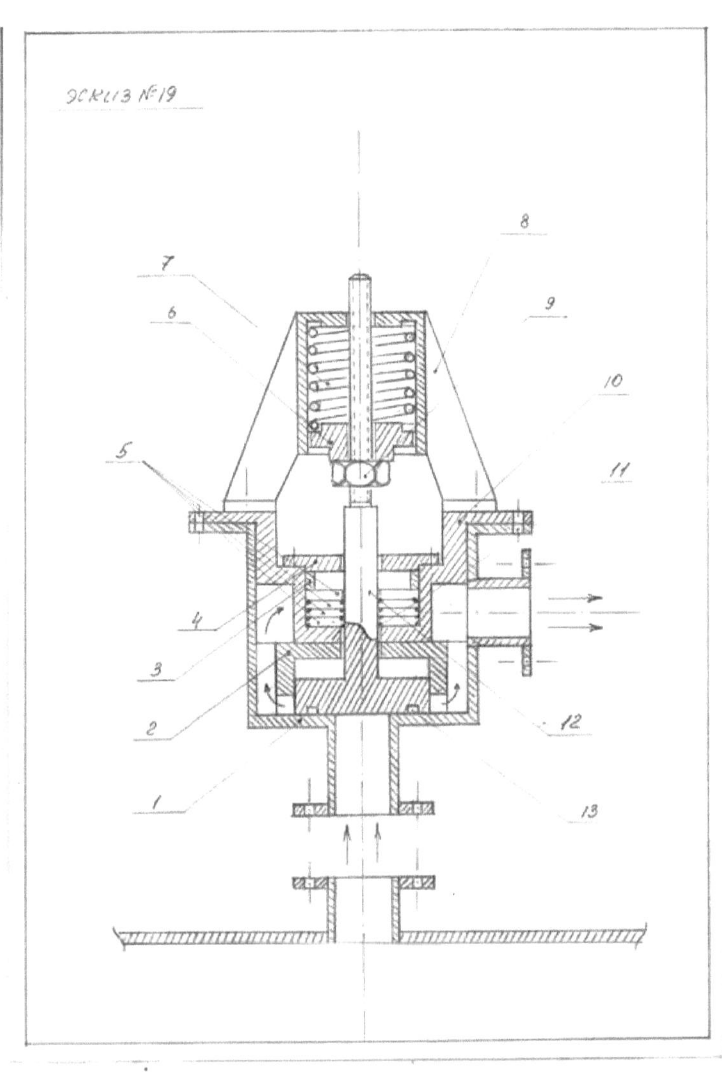
1
2
3
4
5
6
7
8
9
10
11
12
13

ЭКИ 13 № 19а

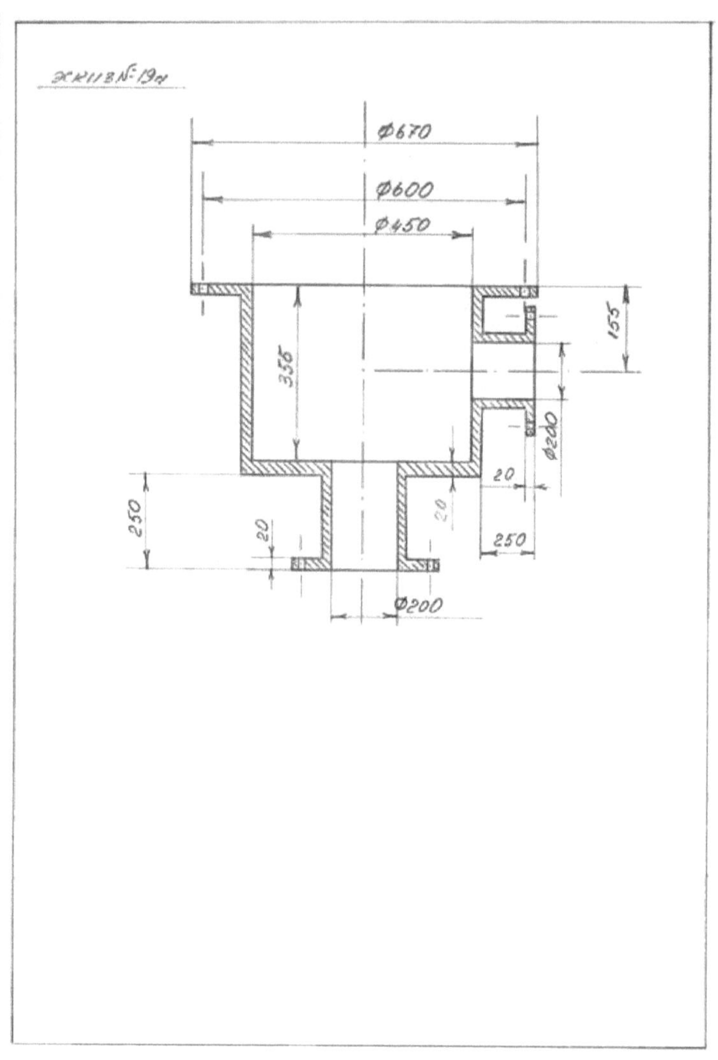
Ø670
Ø600
Ø450
155
356
Ø200
20
20
250
20
250
Ø200

Эскиз № 19в

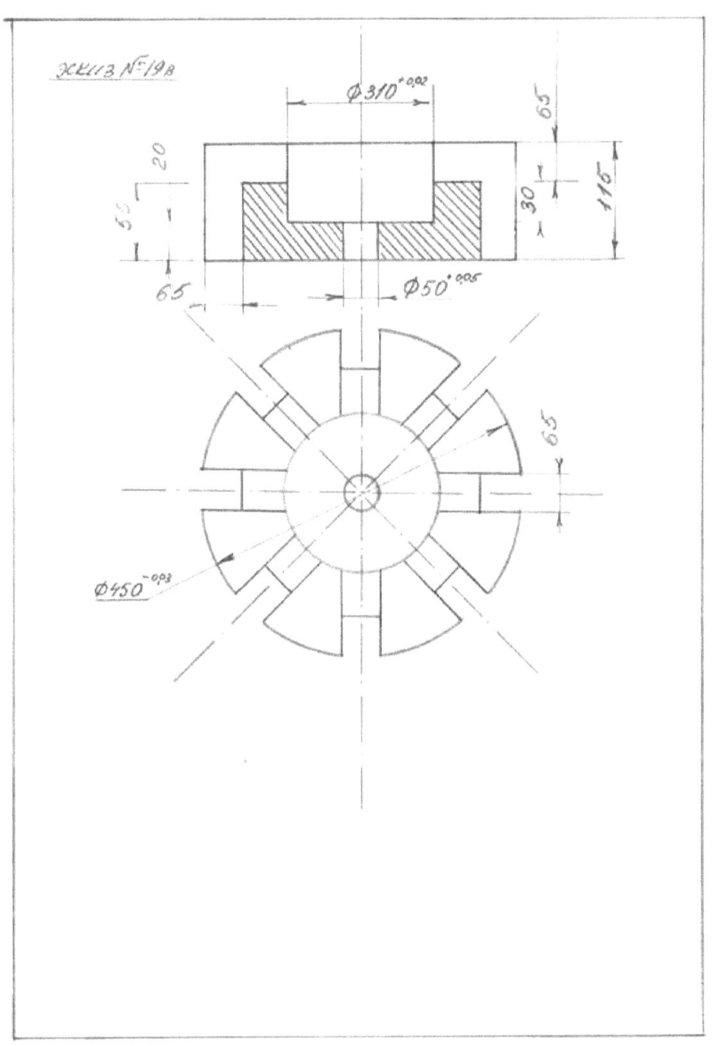
Ø310⁺⁰·⁰²
65
20
30
116
Ø50⁺⁰·⁰⁵
65
65
Ø450⁻⁰·⁰³

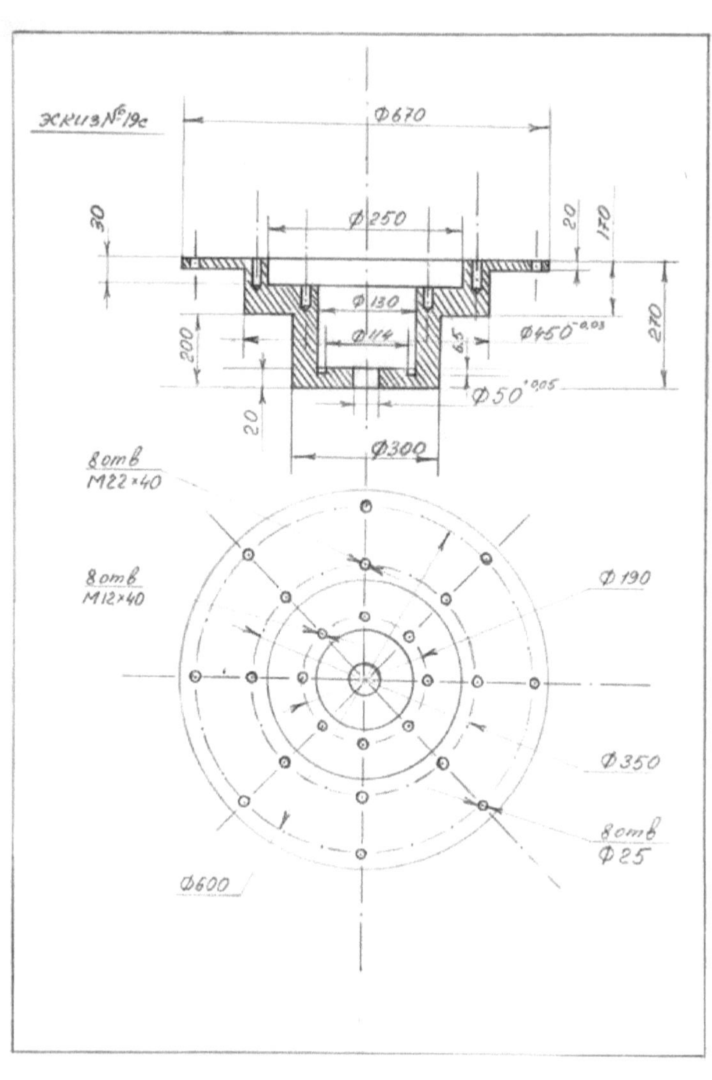
Эскиз №19с
Ø670
Ø250
Ø130
Ø114
Ø450⁻⁰·⁰³
Ø50⁻⁰·⁰⁵
Ø300
30
20
170
270
200
6,5
20
8 отв
М22×40
8 отв
М12×40
Ø190
Ø350
8 отв
Ø25
Ø600

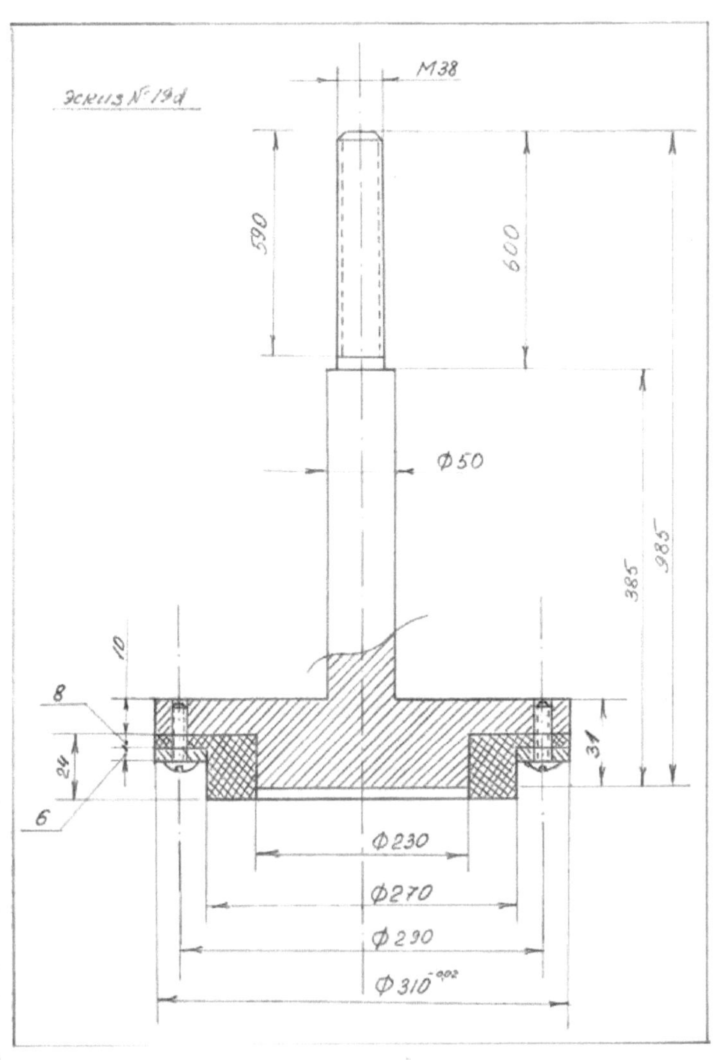

Эскиз № 19д
М38
590
600
Ø50
985
385
10
8
24
6
31
Ø230
Ø270
Ø290
Ø310⁻⁰·⁰²

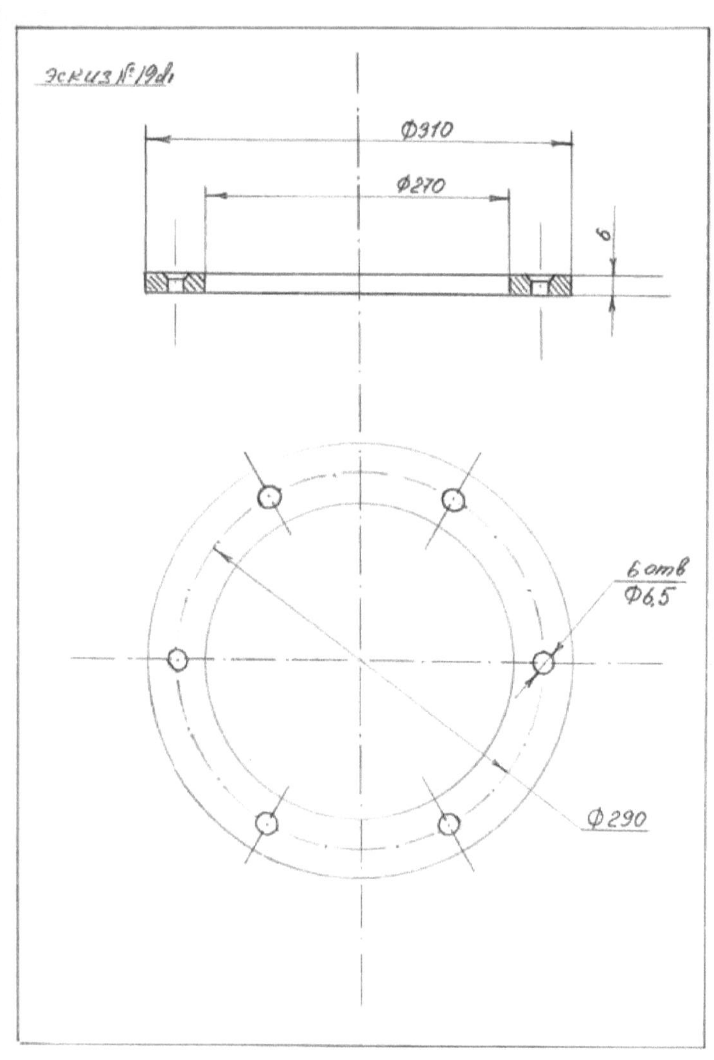

Эскиз № 19д1
Ф310
Ф270
6
6 отв
Ф6,5
Ф290

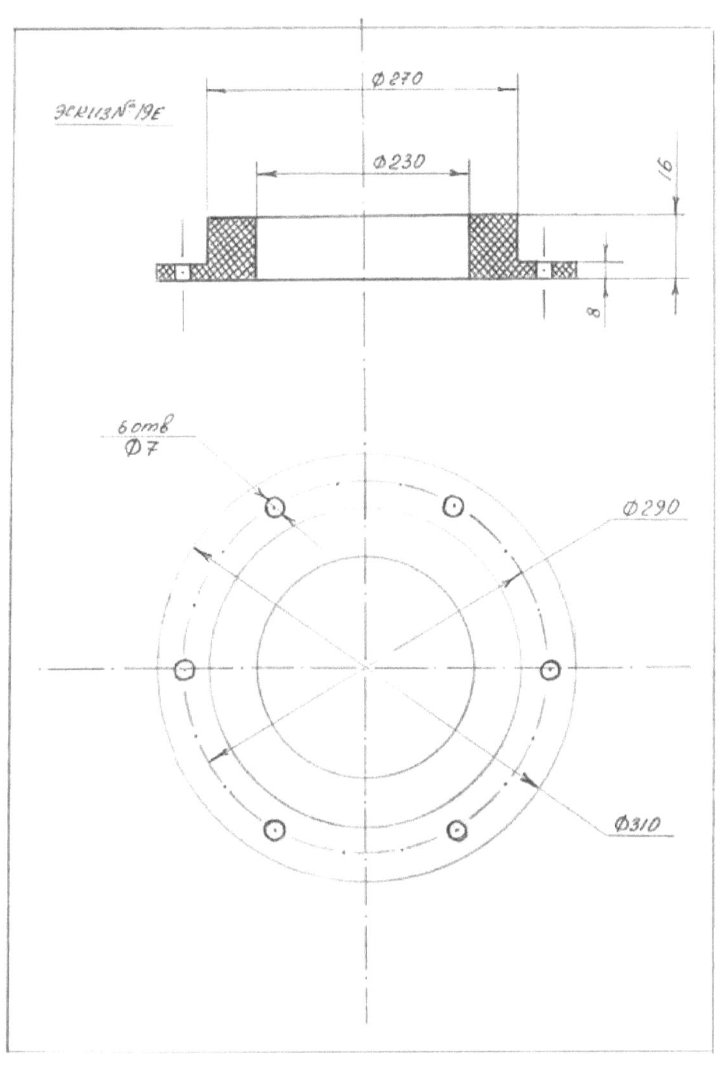

ЭСКИЗ № 19Е
Ø270
Ø230
16
8
6 отв
Ø7
Ø290
Ø310

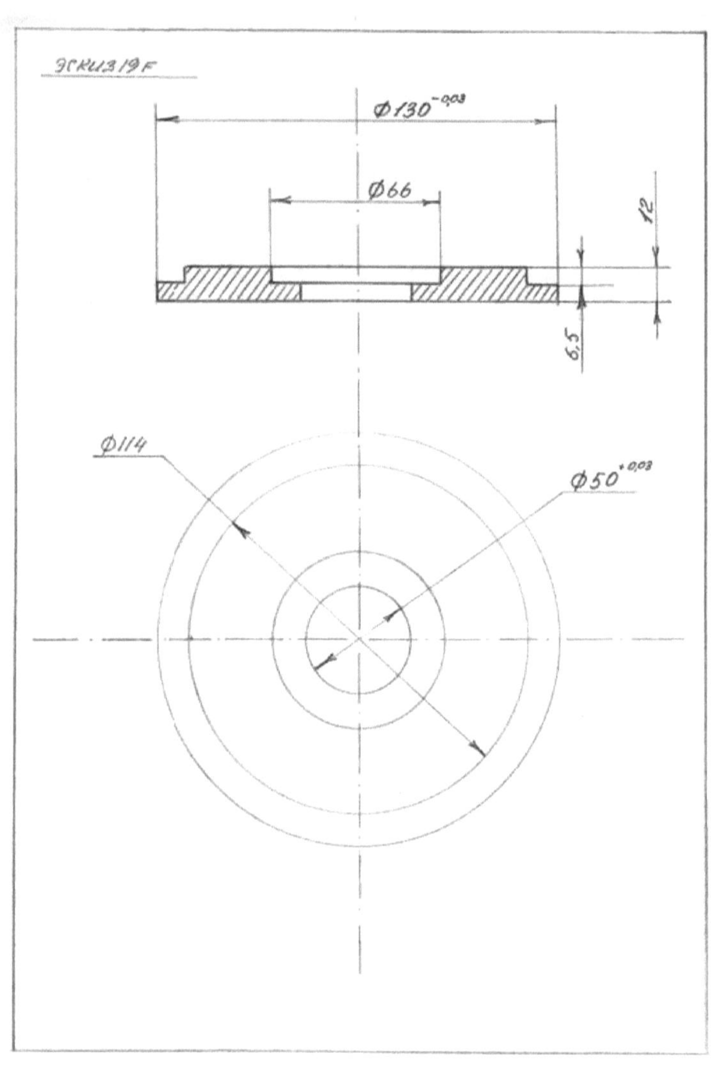

ЭСКИЗ 19 Г
Ø130 ⁻⁰·⁰³
Ø66
12
6,5
Ø114
Ø50 ⁺⁰·⁰³

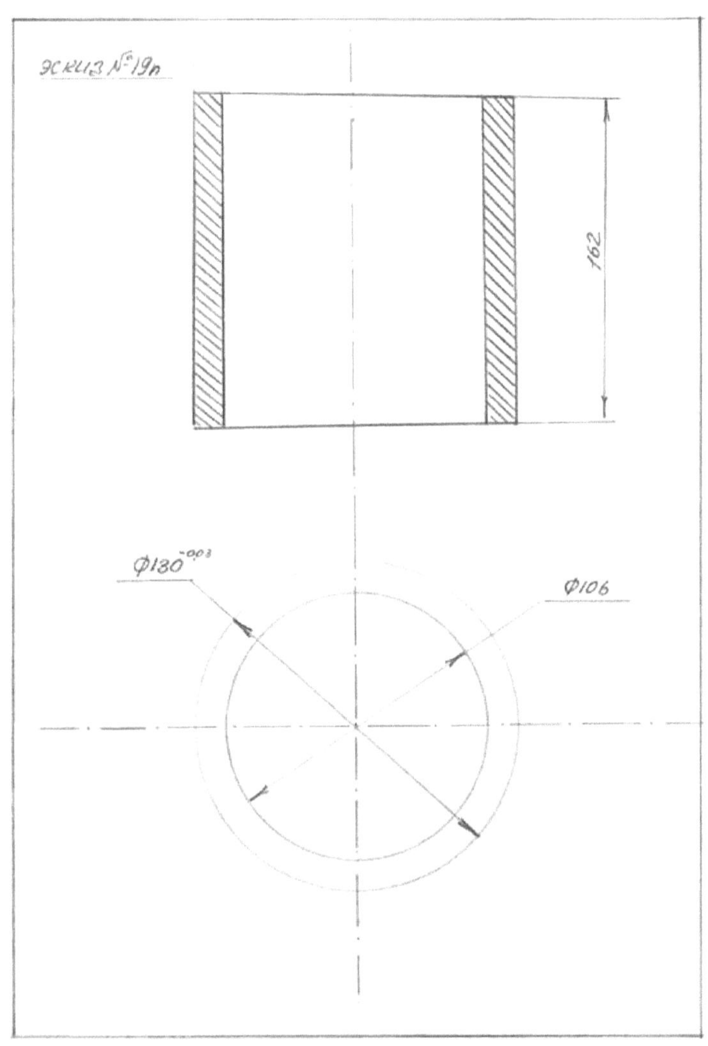

эскиз № 19п
162
Ø130 -0,03
Ø106

Эскиз № 19m
Ø248
Ø130 -0,03
20
10
8 отв
Ø13
Ø190
Ø40 +0,05

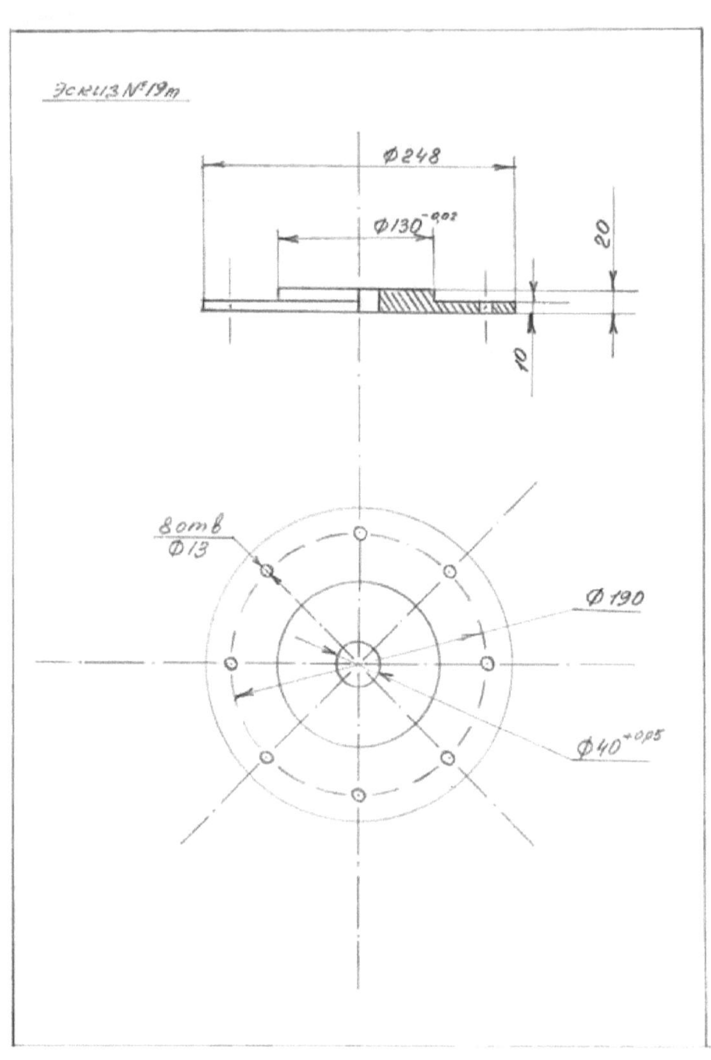

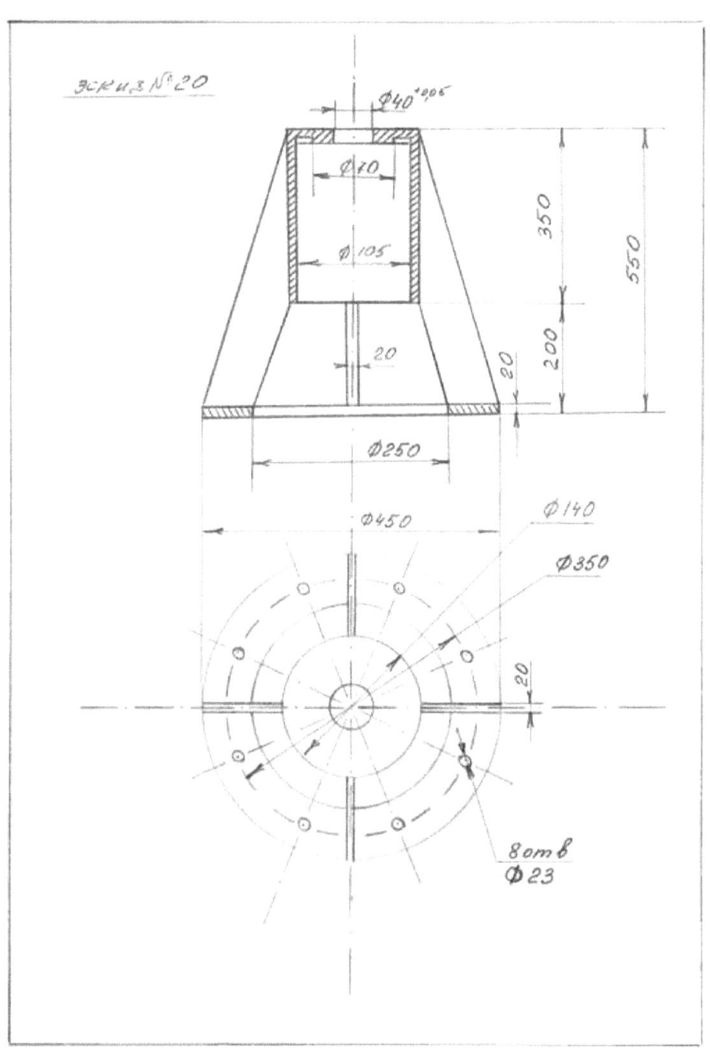

эскиз № 20
Ø40 +0,05
Ø70
Ø105
350
550
200
20
20
Ø250
Ø450
Ø140
Ø350
20
8 отв
Ø23

Эскиз № 21
Ø70
16
7
5
Ø85
Ø105⁻⁰·⁰³
Ø40⁺⁰·⁰⁵

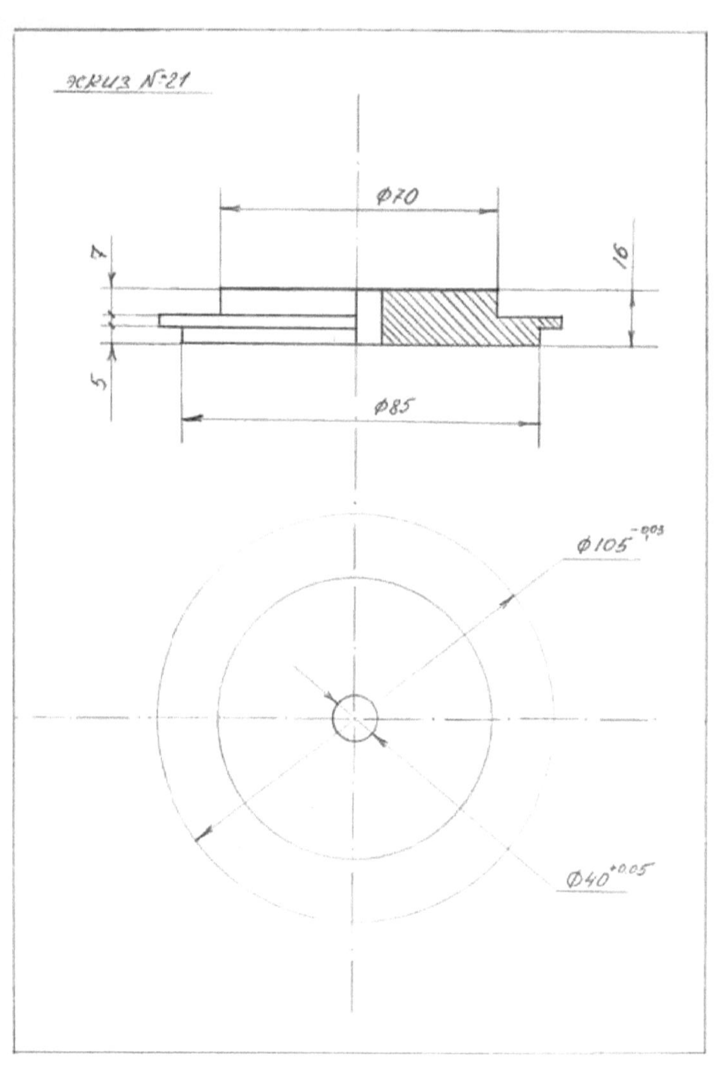

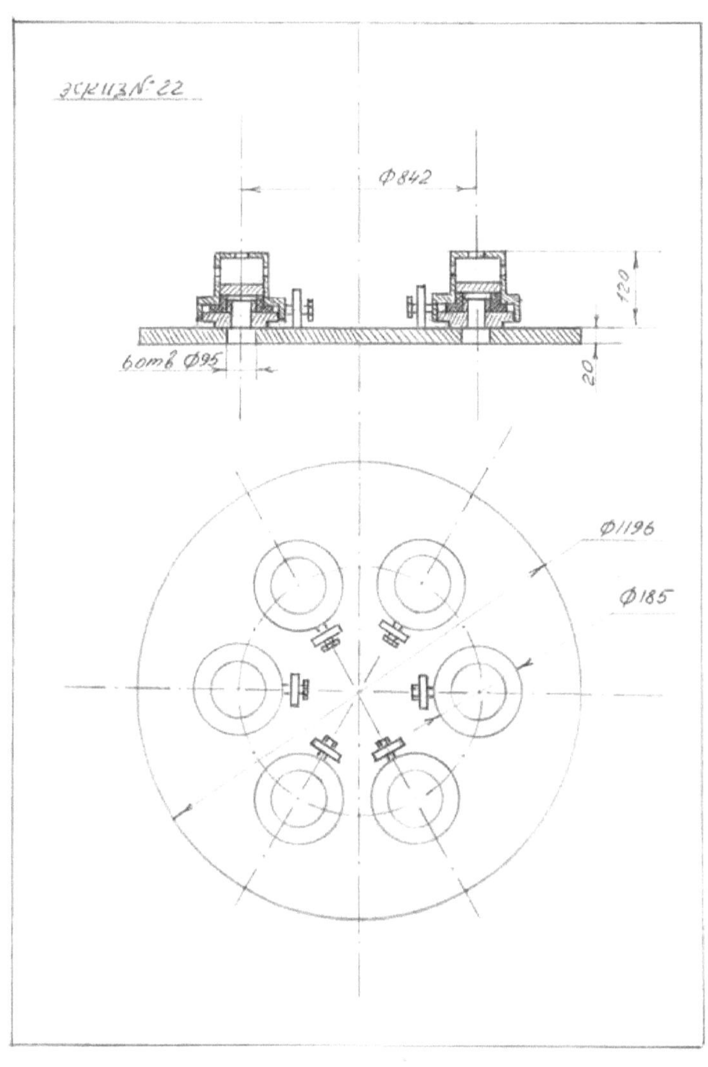

Эскиз № 22
Ø842
120
20
6отв Ø95
Ø1196
Ø185

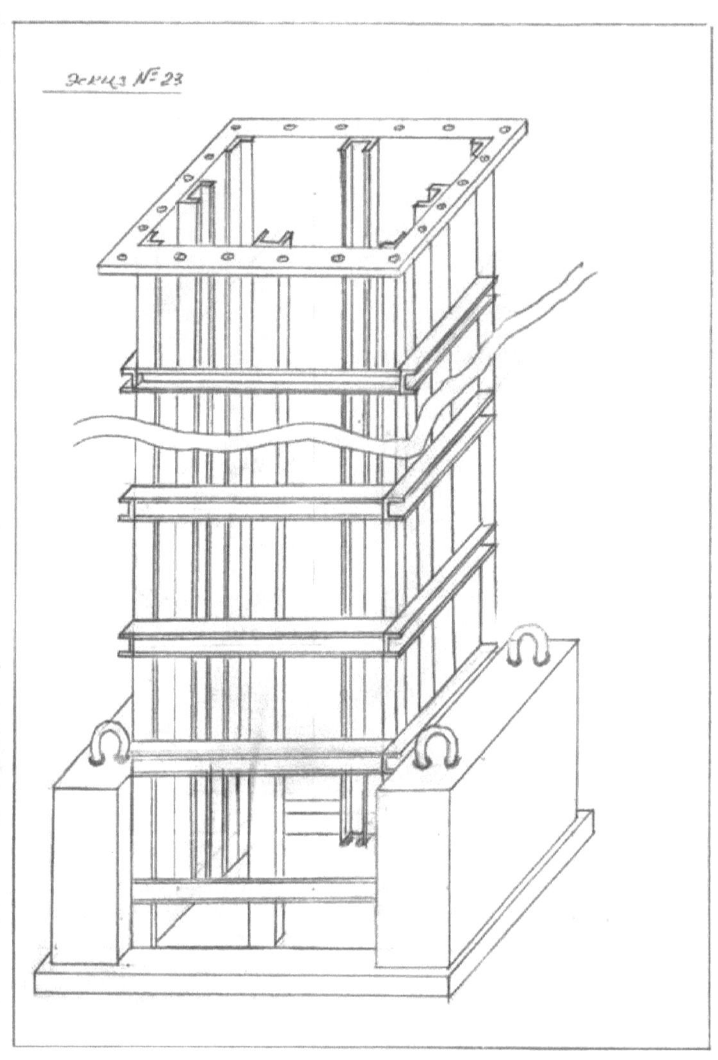

De acordo com a Tabela 1 Tabela 2, o montante total necessário para os materiais para a secção da bomba é de 70671.95man. Ou 39585.5$

A ENERGIA HIDROELÉCTRICA E A ENERGIA GRAVITACIONAL PODEM RESOLVER O PROBLEMA DA ENERGIA.

Instituto de Investigação do Azerbaijão sobre Problemas Geotécnicos do Petróleo, Gás e Química Autor: Engenheiro do Laboratório de Energias Alternativas

Boris Vladimirovich Silvestrov boris_silvestrov@mail.silvestrov@mail.ru

A energia hidroelétrica é um tipo de produção de eletricidade respeitador do ambiente. Atualmente, o potencial de produção de energia hidroelétrica está praticamente esgotado. Tornou-se impraticável construir barragens e inundar vastos territórios férteis. Além disso, o represamento de rios causa danos ecológicos à fauna. A desova de espécies piscícolas valiosas é dificultada. A navegação nos rios está a passar por dificuldades. É necessário construir eclusas dispendiosas. No entanto, há uma oportunidade de dar um segundo fôlego à energia hidroelétrica, abandonando completamente a construção de barragens. Podem ser construídas centrais hidroeléctricas bastante potentes em qualquer lugar onde exista uma massa de água. Pode ser um rio, um canal, um lago, um mar, uma lagoa, um oceano. Por outras palavras, em quase todos os lugares do planeta Terra onde exista água e não importa se é salgada ou doce. É este método de produção de eletricidade que pode dar à humanidade a energia limpa necessária em quantidades ilimitadas. É isso que será discutido neste artigo. O principal equipamento pioneiro para implementar este método é uma bomba de pontão de duas vias com um pistão fixo. Esta bomba é capaz de converter a energia gravitacional (peso) em energia de jato de água e, posteriormente, em eletricidade. Com a sua ajuda, não só é possível obter uma capacidade bastante grande, mas também atingir uma pressão muito elevada do jato de água que alimenta as pás da turbina hidráulica, o que torna possível a utilização de turbinas hidráulicas "Pelton" potentes e de alta pressão para a produção de energia. A água do reservatório para o funcionamento da bomba de pontão de duas vias será fornecida por uma bomba centrífuga com a capacidade adequada e necessária. A potência gasta no trabalho da bomba centrífuga é muitas vezes menor do que a potência que pode ser obtida no trabalho da bomba de pontão de duas vias. Esta afirmação será provada neste artigo através de cálculos, de acordo com os parâmetros de uma amostra particular de uma bomba de pontão, e tomados para comparação do catálogo, os parâmetros de uma bomba centrífuga. O esquema n.º 1 mostra uma bomba de pontão de duas vias

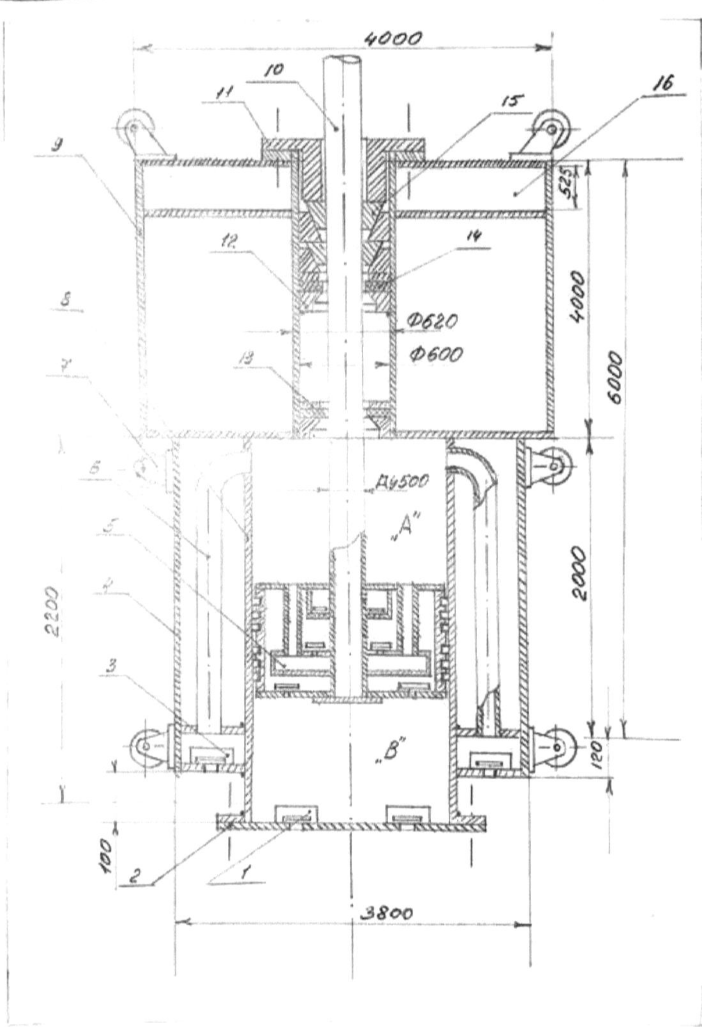

Esboço n.º 1

Onde:

1) Válvulas exteriores de entrada de água da câmara "B

2)   Tampa inferior do cilindro escravo

3)   Válvulas exteriores de entrada de água da câmara "A

4) Parte inferior, caixa da bomba de pontão de duas vias

5)Cabeça de pistão fixa da bomba

6) Condutas de água para a câmara "A

7)Rolos de guia

8)Cilindro de trabalho da bomba de pontão de duas vias.

9)A parte superior e flutuante do pontão.

10)A linha de água do pistão fixo.

11)Push-pull grandbux.

12) Anel de suporte.

13)Anel de retenção.

14) Anel-guia de cobre.

15) Vedantes de cone, vedantes de caprolon.

16) Depósito de água de lastro.

Uma bomba de pistão fixo de duas vias funciona através de um ciclo do nível da água. Fornece um jato de água de alta pressão às pás da hidroturbina de balde Pelton, que contribui para a produção de energia.

Consideremos o funcionamento da bomba de pistão em mais pormenor. O esquema n.º 1 mostra que, quando o cilindro, juntamente com o pontão, começa a subir juntamente com o aumento do nível da água, é criado um certo vácuo na câmara "A". Ao mesmo tempo, as válvulas de água de borda (3) abrem-se e a água enche a câmara "A". Em contrapartida, a câmara "B" é pressurizada. As válvulas de água exteriores (1) fecham-se e a água pressurizada flui através da válvula (A) e depois através da válvula (C), (ver Fig. 3) para a conduta e para a coluna de compensação, enquanto a válvula (B) (Fig. 3) se fecha, impedindo a entrada de água na câmara "A". Além disso, quando o pontão, juntamente com a mudança do nível da água, começa a baixar, então, pelo contrário, na câmara "B", será criado um certo vácuo, as válvulas da água do mar abrir-se-ão, enchendo a câmara "B" com água. Na câmara "A", isto irá criar pressão e água através da válvula (B). E depois, através da válvula (C), (Fig. 3) entrará novamente na linha de água, ao mesmo tempo que a válvula (A) (Fig. 3) fechará e impedirá o fluxo de água para a câmara "B". A válvula "C" também se fechará, impedindo a saída de água da conduta, até ao momento de apertar e a água sair através da válvula "C" para a conduta.

O pistão (Fig. No. 3   ) é uma construção soldada,

soldadas a partir de elementos em chapa de ferro de 20 e 100 mm de espessura e de tubos de 200 mm de diâmetro.

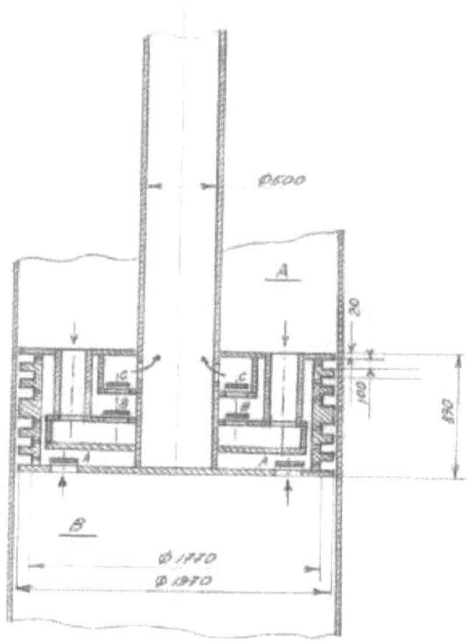

Fig. 3

Para avaliar os parâmetros de desempenho do projeto proposto para a bomba do pontão, é necessário calcular a sua capacidade e a pressão máxima que pode gerar. Conhecendo o caudal e a pressão, é possível calcular a capacidade da unidade hidráulica de alta pressão proposta através da fórmula [322]W= caudal (m/seg) x altura manométrica (kg/cm) x 9,8 m/seg x 0,6

Para consolidar o material acima, consideremos a operação de um módulo proposto com as dimensões do corpo da bomba do pontão (mostrado no esboço #1) igual a 3.8m x 3.8m x 2m. mais o tanque flutuante superior, adicional, 4m x 4m x 4m x 4m. O diâmetro do pistão é de 2m (ver desenho #1). A flutuação do nível de água no tanque enterrado é de 1,2m. (ver desenho #2)

Vamos fazer cálculos de acordo com os parâmetros acima mencionados: [3]O volume total do pontão será de 85,174m. Após o fabrico do corpo da bomba do pontão, é necessário determinar o seu peso. Em seguida, determinar o peso total do corpo da bomba em movimento e da água nas câmaras de trabalho. Se este valor for inferior a metade do volume, adiciona-se água à câmara especial situada na parte superior do pontão, de modo a que o peso total do material de que é feito o corpo e o peso da água nas câmaras de compressão e o peso da água na câmara especial sejam iguais a metade do volume de ar.

Parâmetros adoptados para o cálculo da central eléctrica:

Diâmetro do pistão 2м.

Cálculo do curso do cilindro   1.2м

Período de flutuação do nível da água 6sec.

Raio do tubo de água   0,5м

CÁLCULO DA CAPACIDADE DA SECÇÃO

A capacidade da câmara (A) é igual ao volume de água deslocado pelo pistão para a conduta, com o deslocamento aceite do cilindro, que por sua vez é igual a 1,2 m

$V_a = \pi r_1^2 h - \pi r_2^2 h$

$V_a = 3,14 * 1м^2 * 1.2м - 3,14 * 0,25^2 *1.2м = 3,768м^3 - 0,2355м^3 = 3.533м^3$

Onde: r1 - raio do cilindro escravo

h, - altura da deslocação do cilindro

r2, - raio do tubo de água.

A capacidade da câmara (B) é respetivamente igual ao volume de água deslocado para a conduta com um curso de cilindro de 1,2 m.

$V_B = \pi r^2 h$

$V_B = 3,14 * 1м^2 * 1.2м = 3,768м^3$

O volume total de água num ciclo (mover o cilindro para cima e para baixo 6 segundos) será

$V_\Sigma = V_a + V_B = 3.533м^3 + 3,768м^3 = 7.3м^3$

Tendo em conta que a periodicidade é igual a 6sec. Vamos encontrar a produtividade da secção durante um segundo.

Assim, a capacidade da secção num segundo quando se desloca o cilindro 1,2 m é igual a:

7,3 m3 : 6seg = 1,21m3/seg

[33]Assim, o caudal total de água através do tanque enterrado pode ser assumido como sendo de 1,5 m/s a 2,5 m/s. Este valor é suficiente para o funcionamento de um módulo hidroelétrico. Quanto menor for a distância entre o corpo da bomba do pontão e a câmara em que esta funciona, menor será a diferença entre a água fornecida pela bomba centrífuga e a água necessária para o funcionamento da bomba do pontão.

Em seguida, calculamos o volume de ar da parte do pontão da bomba.

O volume da secção inferior é igual a: o volume desta secção menos o volume do cilindro de trabalho e o volume das seis ligações exteriores de água à câmara "A"

[22]$Q_H = 3,8m * 3,8m * 2m - 3,14 * 1m * 2m - 6 \times 3,14 \times 0,10952m =$

[333]$=28,88, m - 6,28m - 0,2258m = 22,374m^3$

O volume da parte superior da secção do pontão será igual a: o volume da parte superior menos o volume do cilindro dentro do qual passa o tubo de água. (diâmetro 620 mm)

$Q_B = 4m * 4m * 4m - 3,14 * 0,3W * 4m = 64- 1,2 = 62,8m3$

O volume de ar total será igual a:

$$Q_\Sigma = Q_H + Q_B = 22.374_M^3 + 62.8_M^3 = 85.174_M^3$$

O volume constante de água no interior do cilindro quando a bomba está a funcionar é igual ao volume de trabalho do cilindro menos o volume da cabeça do pistão:

$$V_B = \pi r^2 h = 3.14 \times 1^2{}_M^2 \times 2_M - 3.14 \times 1^2{}_M^2 \times 0.89_M = 6.28_M^3 - 2.795_M^3 = {}^3 3{,}485 \ m$$

ou

o que equivale a 3.485 toneladas de água.

O peso combinado da parte móvel do corpo da bomba e da água no cilindro de trabalho, bem como da água na câmara de lastro, deve ser igual a metade do volume de ar, o que, por sua vez, garante a flutuabilidade do corpo da bomba.

É necessário conceber a parte móvel da bomba de modo a que o seu peso total e o peso da água no cilindro de trabalho e na câmara de lastro sejam iguais a metade do volume, pelo que a flutuabilidade residual será também igual a metade do volume. A bomba funcionará com a mesma força em ambas as direcções. Nas turbinas hidráulicas Pelton de alta pressão, nas dimensões máximas, o número máximo de bocais é de 6 e o diâmetro máximo de cada bocal, no estado aberto, é de 80 mm. Assim, a área total do jato de água expelido é igual a:

$$S = \pi r^2 \times 6 = 3{,}14 \times 4^2{}_{CM} \times 6 = 301{,}44_{CM}^2$$

Cálculo do peso da parte móvel da bomba do pontão

1)Peso do cilindro (diâmetro do pistão 2m altura do cilindro 2.3m espessura da parede15mm =0.015m)

O comprimento da circunferência é $2\,\pi r = 2 \times 3{,}14 \times 1 = 6{,}28_M$

O volume do cilindro é $V = 6{,}28m \times 2{,}3m \times 0{,}015m = 0{,}217m^3$

O peso do cilindro é $\qquad {}^{333}P = V \times 7{,}8t/m = 0{,}217m \times 7{,}8t/m = 1{,}692t$

2) O peso dos tubos de água na câmara "B" 8 tubos de diâmetro 219mm (Peso teórico de 1 metro linear de tubo de aço soldado eletricamente 0 219h8 - **41,74 kg.**) O comprimento de um tubo 2,05m. Comprimento total dos tubos 16,4m peso é P= 16,4 x 41,74 = 684,5 kg = 0.685t

[23] 3)Peso das quatro paredes laterais da caixa inferior (cada parede 2,0m x3,8m área total S=30,4$_M$ com uma espessura de chapa de 15mm o volume é 0,456m Peso=3,557t

4)Peso da divisória superior na entrada de água na câmara "B"

[22222223] Área S= 3,8m x 3,8m - pg =14,44m -3,14 x1 m =11,3m -(8 x 3,14 x 0,1095 m) =11m com uma espessura de divisória de 15mm O peso será igual a P= 11m x 0,015m x 7,8 t/m =1,287t

5)Peso da divisória inferior na entrada de água na câmara "B"

Tal como na antepara superior, o peso será de 1,287 tn

6)Peso da cabeça inferior do cilindro

Com uma espessura de cobertura de 15mm, o diâmetro é de 2,2m menos os orifícios para as válvulas de entrada (219mm 8 pcs).

[22]S= 3,14 x 1,12m - (8 x 3,14 x 0,10952m) = 3,799m - 0,301m =3,498m^2

[2]Volume V = 3,498m x 0,015m = 0,052m^3

[33]Peso do coberto P = 0,052m x7,8t/m =0,409 toneladas

[2232 23]7)Peso da flange inferior diâmetro exterior 2,2m diâmetro interior 2,0m espessura da flange 50mm (3,14 x 1,1m) - (3,14 x 1m) x 0,05m x 7,8t/m =(3,799m - 3,14m) x 0,05m x 7,8t/m = 0,257t

8) Peso das válvulas de admissão

O peso total das 16 unidades de válvulas é de 4 kg cada, sendo o peso total das válvulas igual a 4 x 16 = 0,064t

9) Peso dos rolos: 24 rolos no total, cada um pesando aproximadamente 6 kg

Peso total dos rolos P= 24 x 6 =144kg = 0, 144t

[223]10)Peso das paredes verticais da câmara de flutuação superior 4m x 4m x 4 = 64m com espessura de parede de 15mm peso das paredes verticais é P = 64m x 0,015m x 7,8t/m =7,488t

11) Peso do tubo interno diâmetro do tubo 0,62m espessura da parede 10mm (0,01m) altura 4m. [2333]Área total da superfície = S=2 x 3,14 x 0,31m x 4m=7,787m volume é V=7,787m2 x 0,01m =0,0778m então peso= 0,0778m x 7,8t/m = 0,607t

12) Peso do plano superior, inferior e médio na parte flutuante do pontão

Cada plano é um quadrado de 4m x 4m menos a área de um círculo com um diâmetro de 620mm com uma espessura de 15mm em cima e em baixo e 10mm no meio

S = 4m x 4m - 3,14 x 0,312m =15,698m2   [2]V = 15,698m x 0,015m =0,235m^3

[33]+Peso dos dois planos P = 2 x 0,235m x 7,8t/m = 3,673t

[2]volume de partição V= 15,698m x 0,01m =0,156m^3

[33]peso da divisória P = 0,156m x 7,8t/m = 1,224t

13) O peso do fivela de granizo e dos vedantes é de aproximadamente 0,25t

Vamos calcular o peso total da parte móvel da bomba de boia, que será composto pelos seguintes pesos

1)Peso do cilindro escravo1   ,692t

2) Peso dos tubos de água para a câmara "B"   0,685t

3)Peso das quatro paredes da caixa inferior3 ,557t

4)Peso da divisória superior à entrada da câmara "B"   1,287t

5)Peso da divisória inferior na entrada de água na câmara "B   1,287т

6)Peso da cabeça inferior do cilindro0 ,409t

7)Peso das válvulas de admissão0   ,064t

8)Peso dos rolos0 .144t

9) Peso das paredes verticais7 ,488t

10)Peso do tubo interior0,607t

11)Peso das placas superior e inferior 3,673t

12)Peso da parede divisória1 ,224t

13) Peso do eixo principal e dos vedantes0 ,250t

Total: 22,624t

De acordo com os cálculos anteriores, o peso da água nas câmaras de trabalho do cilindro é de 3,485t. Assim, o peso total da água nas câmaras e o peso da parte móvel do pontão serão iguais a P=22,624t +3,485t = 26,109t. De acordo com o facto de o peso da parte móvel dever corresponder a metade do volume, é necessário adicionar alguma água ao tanque de lastro. Vamos calcular a quantidade de água a ser adicionada ao tanque de lastro. ^{3}Metade do volume de ar é igual a 42,58m . O peso da parte móvel do pontão e da água nas câmaras de compressão é 26,109t Para que o volume e o peso correspondam um ao outro, é necessário encontrar a média aritmética de 42,58 +26,109 :2 =34,343. O peso do pontão, juntamente com a água de lastro, deve ser de 34,343t. Assim, é necessário acrescentar 34,343t - 26,109t = 8,234t de água. Assim, o volume de ar será igual a: ^{33}42,58m - 8,234m = 34. ^{3}346m . A bomba funcionará com a mesma força para o movimento ascendente e descendente P = 34. 343т

^{2}Conforme calculado acima, a área total dos jactos que passam por todos os bicos é de 301,44 cm (6 bicos de F=80 mm).

^{22}A pressão a que a bomba funcionará com os bocais totalmente abertos será: 4343kg : 301,44cm = 113,929kg/cm ou seja 114atm. Reduzindo o diâmetro dos jactos de saída, é fácil obter a pressão necessária na gama de 180 atm -250atm com o mesmo caudal de água.

A capacidade desta unidade de bombagem será calculada de acordo com a fórmula:

^{2322} ^{2}W= caudal x altura x 9,8m/seg x 0,6 = 1,210m/seg x 220kg/cm 9,8m/seg x 0,6 = 1210 litros/seg x 2200m.v.s. x 9,8m/seg x 0,6 = 15652560 W = 15,65MW (a 220atm de pressão).

^{2}No caso de a pressão de serviço ser igual a 250 kg/cm esperado a potência será igual:

^{2}W= 1210litros/segundo x 2500m.v.s. x 9,8m/segundo x 0, 6= 20787000W=

20.787MW

Cálculo da distância do plano superior da antepara para o volume de água no tanque de lastro

^{222222}A área da base do tanque de lastro é S= 4m x 4m - nr =16m2 (3,14 x 0,31 m

82

)= 16m -0,937m =15,026m O volume de água de lastro necessário é 8,234t
Então a altura da câmara de lastro é igual a: (h)
[232]h = 8,234t : 15,026m =8,234m : 15,026m =0,547m
Então:- de acordo com os cálculos acima, temos:
[3]A capacidade da bomba de pontão de duas vias é igual a - 1,21 m/s.
Para trabalhar com ela em par, vamos escolher a bomba centrífuga D6300-80-1. O seu objetivo é fornecer água a um tanque especial, no qual funciona uma bomba de pontão de duas vias. (ver esquema nº 2). [33]Esta bomba tem os seguintes parâmetros de funcionamento: Potência 2000kW, Altura manométrica 80m, Débito 6300m /hora ou seja igual a6300 :3600 = 1,75 m /seg . [33]Com um ajuste adequado do abastecimento de água e da sua taxa de descarga nos reservatórios da bomba do pontão, o desempenho da bomba centrífuga de 1,75 m/seg. cobrirá bem o desempenho da bomba de dupla passagem que requer 1,21 m/seg.

O esquema #2 mostra um esquema da disposição da embarcação para o funcionamento de uma bomba de pontão de duas vias

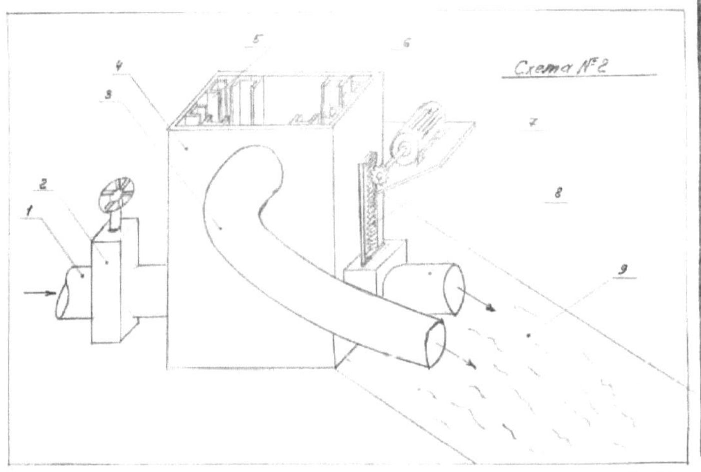

Onde: 1) tubagem de abastecimento de água a partir da bomba centrífuga
2) válvula de gaveta para regulação da alimentação de água
3) tubo de transbordo acima do nível de água de funcionamento
4) tanque para o funcionamento da bomba de pontão de duas vias
5) canais de guia para guias de suporte de rolos
6) motor-redutor elétrico de inversão com velocidade regulável a partir de um controlador de alta frequência.
7) mecanismo de abertura e fecho de cremalheira e pinhão para libertar a água e permitir a circulação do nível de água.

8) linha de descarga de água

9) um canal betonado para descarga geral de água na massa de água de origem. Quando o projeto proposto da bomba de pontão de duas vias com um pistão fixo está a funcionar, a sua potência máxima é de 20mW. A potência real de saída será de 18mW (menos a potência da bomba centrífuga).

1) Para um diâmetro de pistão de 299 mm e dimensões do pontão de 500mm^500mm4220mm, curso600mm, a potência resultante é de   5000W de caudal

[33]água 0,0161m/seg (57,96m/hora) Bomba centrífuga de acoplamento D160-112 W=15KBT 1500rpm altura manométrica28m capacidade 80m3/hora. Neste caso, não há potência útil.

2) [333]Para diâmetro do pistão 500mm e dimensões do pontão 1m-1m-1,8m. curso 800mm potência recebida 100kW caudal0,0766m/seg (275m/hora) Bomba centrífuga para acoplamento 1D315-71a W=90KBT 3000rpm altura60m capacidade 300m/hora Potência útil de saída 100kW - 90kW =10kW. Ao operar toda a instalação constituída por duas bombas, pode obter-se um total de 10kW de eletricidade.

3) [333]Para um diâmetro de pistão de 1196mm e dimensões do pontão de 2m^2m^4m, curso de 600mm a potência recebida é igual a 3500kW Caudal0,111m/seg (399m/hora) Bomba centrífuga para acoplamento 1D500-63a W=132kW 1500rpm cabeça 53m capacidade 450m/hora Potência útil de saída 3500kW- 132kW= 3368kW =3,4 MW, e isto já é significativo!

4) [333]De acordo com os cálculos acima, para o diâmetro do pistão de 2000mm, dimensões do pontão de acordo com o esboço #1 curso1,2m Caudal1,21m/sec (4356m/hora) Bomba centrífuga para acoplamento D6300-80-1 W =2000kW 1000rpm cabeça 80m produtividade 6300m/hora Potência útil de saída 20000kW- 2000kW =18000kW =18MW. Uma central com esta capacidade pode competir com qualquer fonte de energia alternativa. A partir dos dados acima, podemos tirar a seguinte conclusão: em alguns casos, quando o peso e o volume da bomba do pontão são pequenos, é impossível obter energia em excesso. Quanto maior for o peso e o volume de uma bomba de pontão de dois tempos com um pistão fixo, mais energia pode ser obtida em relação à energia gasta! E a energia gasta será muitas vezes e por vezes até ordens de grandeza inferiores à energia obtida!

Semelhante ao material acima, existe outro artigo que explica como construir centrais hidroeléctricas sem bloquear os rios.

CAPÍTULO 3

PERSPECTIVAS DE DESENVOLVIMENTO DA ENERGIA HIDROELÉCTRICA E DA RECUPERAÇÃO DE TERRAS

Instituto de Investigação do Azerbaijão sobre Problemas Geotécnicos do Petróleo, do Gás e da Química Engenheiro autor do Laboratório de Energias Alternativas

Boris Vladimirovich Silvestrov boris_boris_silvestrov@mail.ru@mail.ru

Este artigo é dedicado ao desenvolvimento alternativo da energia hidroelétrica. Tradicionalmente, a produção de eletricidade em centrais hidroeléctricas é criada através da construção de barragens, sendo a capacidade calculada de acordo com a fórmula

$$^3W = \text{caudal x cabeça de água x } 9,8 \text{ m/seg x}0,6.$$

[3]O caudal de água, por sua vez, depende do caudal de água do rio, medido em m/s. Outro fator que afecta a quantidade de eletricidade produzida é a altura do fluxo de água criada pela altura da barragem. A altura é medida em metros de coluna de água. (10m.w.c. =1atm). É para fornecer estes parâmetros que se constrói uma estrutura hidráulica como uma barragem. A construção de barragens é bastante dispendiosa. Além disso, esta construção, em regra, está ligada ao terreno e não é em qualquer ponto do rio que é possível erguer uma barragem devido à conveniência de não inundar enormes territórios férteis. E o número de barragens possíveis em grandes rios é muito limitado. Praticamente, a construção de barragens nos grandes rios do mundo esgotou-se. A inundação de enormes terras férteis tornou-se impraticável. As barragens impedem a navegação e a migração de espécies piscícolas valiosas. Para resolver este problema, é necessário construir estruturas hidráulicas especiais. Por exemplo, eclusas e canais de derivação. Isto também aumenta o custo da construção da barragem e prolonga o período de retorno do investimento da central hidroelétrica e não resolve a 100% os problemas de migração de espécies de peixes valiosas. A probabilidade de rutura da barragem, embora baixa, continua a existir, e um acidente na barragem pode ter consequências enormes para o homem. A essência da solução proposta para o problema é a recusa de construir barragens. Para criar uma pressão elevada, muito superior à que a barragem pode criar, propõe-se a utilização do trabalho da chamada energia hidroelétrica, módulo de gravidade, que é uma alternativa à barragem para criar a altura necessária. Enquanto a energia hidroelétrica convencional utiliza a força da queda do fluxo de água, que consiste na altura da água e no seu caudal, o método proposto utiliza a água de uma forma ligeiramente diferente. Ela desempenha a função de base do funcionamento de uma bomba de pistão de

pontão. O funcionamento desta bomba, por sua vez, fornece uma pressão muito elevada e a sua capacidade fornece o caudal de água. A pressão não é criada pela queda da água, que depende da altura da barragem, mas sim pelo peso do corpo móvel da bomba e pelo seu volume de ar, que pode ativar a força de Arquimedes. Chamemos a este dispositivo um módulo de gravidade. Trata-se de uma combinação de uma bomba de pistão de duas vias com uma coluna de compensação e um regulador de pressão. Este módulo é capaz de acumular energia e libertá-la sob a forma de um fluxo estável de água sob uma pressão muito elevada, que será utilizada para gerar eletricidade ou simplesmente para bombear água para uma altitude suficientemente elevada, ao longo das margens do rio, para necessidades de irrigação. Esta bomba não necessita de uma altura de água elevada devido à altura da barragem. A eletricidade também não é necessária para o seu funcionamento. Apenas uma pequena quantidade de eletricidade é necessária para fazer funcionar a comporta que se abre periodicamente para permitir a alteração do nível da água. Basta criar uma diferença de altura de 2 m no caudal de água, o que é suficiente para o funcionamento do módulo de gravidade. Esta diferença é criada através da construção de um canal de desvio ou de uma conduta paralela ao leito do rio. Pode ter até vários quilómetros. A essência do trabalho deste módulo está na mudança cíclica do nível da água. Há uma alteração do nível da água num tanque especial. Esta alteração do nível da água leva ao funcionamento da bomba acima referida. A bomba incluída neste módulo tem uma capacidade elevada, com a capacidade de criar uma pressão elevada. Esta pressão é criada também porque esta bomba pode ser considerada como uma hidro-pressão ao mesmo tempo. Uma caraterística especial do design é que o pistão é fixo e rigidamente fixado em relação a todo o sistema de bombagem. Mas o cilindro está incorporado no pontão, que está à tona e tem a capacidade de se mover em relação ao pistão no plano vertical, juntamente com a mudança no horizonte do nível da água. O desempenho desta bomba e a pressão por ela criada dependem diretamente das dimensões da bomba e da altura do movimento vertical do cilindro. O próprio movimento do cilindro depende da flutuação do nível da água. A coluna de compensação (esquema n.º 1) é um recipiente que funciona a alta pressão. Parte da coluna está cheia de ar, o que compensa o carácter pulsante da água fornecida pela bomba às pás da turbina hidráulica.

O regulador de pressão (esquema n.º 1) permite obter um jato de água relativamente estável à saída da coluna de compensação com qualquer pressão dentro do máximo possível para a dimensão da bomba. Os cálculos mostram que, para uma bomba com um diâmetro de pistão de 2 m. e

Com dimensões de pontão de 3,8m x 3,8m x 2m, mais a parte superior flutuante do pontão com dimensões de 4m x 4m x 4m, uma altura manométrica de 300 atm não é o limite. A bomba é uma bomba de gravidade porque uma das forças que actua no plano vertical é o peso do pontão com cilindro incorporado e a outra força aplicada é a força de Arquimedes, determinada pela flutuabilidade do pontão de trabalho, e é uma imagem em espelho da força gravitacional. As dimensões geométricas do pontão e o material de que será fabricado devem ser seleccionados de modo a que estas forças sejam iguais. O funcionamento do módulo proposto está relacionado com a alteração cíclica do horizonte do nível da água. Juntamente com a mudança do horizonte do nível da água, o pontão de trabalho também se desloca. O cilindro nele incorporado, em movimento relativamente ao pistão fixo, assegurará o funcionamento do módulo proposto. A alteração do nível do horizonte de água pode ser conseguida através da utilização de uma estrutura técnica. (ver diagrama n.º 1)

Esta estrutura é uma alternativa a uma estrutura hidráulica, como uma barragem. O objetivo de uma barragem é elevar o nível da água em queda e, assim, armazenar a energia potencial para criar a altura necessária. E quanto mais alta for a barragem, maior será a altura manométrica que pode ser gerada e maior será a potência resultante da central hidroelétrica. No dispositivo proposto, a altura manométrica é criada pelo peso e pelo volume de ar que flutua no corpo da bomba de dupla passagem. São utilizadas duas forças: o seu peso e a sua flutuabilidade (força de Arquimedes). A central hidroelétrica derivada de maior pressão é a dos Alpes, que tem uma diferença de altitude de 1883 metros. Por outras palavras, esta central utiliza uma pressão de pouco mais de 180 atm. Trata-se da central hidroelétrica de Bjedron, na Suíça. [3]Cada uma das três turbinas hidroeléctricas consome água - 25 m/s, enquanto a potência de cada turbina hidroelétrica é igual a 423 MW. A capacidade total é de 1269 MW. Aqui está a essência do método proposto. Em vez de uma barragem, uma altura tão elevada pode ser criada por uma caixa de bomba flutuante. [3]Outra vantagem do método proposto é que podem ser construídas centrais hidroeléctricas bastante potentes em pequenos rios com um caudal de água de 3 m/s e uma diferença de altura de apenas 1,5 m-2 m numa curta distância. Para este efeito, é necessário construir uma alternativa à construção hidrotécnica da barragem. (Para atingir este objetivo é necessário construir uma conduta de água ao longo do leito do rio, que no ponto final será dotada de uma diferença de altura de apenas 1,5-2m. Isto permitirá periodicamente, por gravidade, encher e descarregar a água num determinado tanque, no qual funcionará o módulo de gravidade da central hidroelétrica proposta. O enchimento e a descarga de água podem ser facilmente automatizados através da abertura e do fecho das comportas de entrada e de saída.

O mecanismo de acionamento das comportas depende do alcance do nível de trabalho superior e inferior do pontão. A energia necessária para acionar as comportas, num caso, será armazenada nas molas hidropneumáticas pelo movimento do próprio pontão. No outro caso, as comportas serão accionadas por um atuador elétrico. Para completar o quadro acima de forma mais clara, consideremos a possibilidade de desenvolvimento de energia hidroelétrica no rio Kura, na República do Azerbaijão. Existem várias albufeiras no rio Kura, à saída das quais são construídas centrais hidroeléctricas.

Considera-se que o Kura, assim como todos os rios europeus e mundiais, esgotou os seus recursos para a construção de grandes centrais hidroeléctricas. A perda de terras férteis durante a construção de reservatórios de água e a inundação de vastos territórios, bem como o custo desta construção, tornam-na inoportuna. Mas existe uma alternativa muito prometedora. A diferença média de altura no rio Kura é de 1,8 metros por quilómetro. Há muitas zonas onde a construção de uma conduta ou de um canal de desvio ao longo do leito do rio, ao longo do declive que cobre o leito do rio até se atingir a diferença de altura de 1,5-2 m, não seria muito demorada. Estas secções podem ser encontradas não só a montante da albufeira de Shamkir, mas também a jusante da central hidroelétrica de Varvara. [3]A jusante da central de Varvara, o caudal de água do rio Kura é igual a 402 m/s. [3]Se construirmos uma conduta de água ou um canal ao longo do leito do rio, com um caudal de 75-80 m/s, até atingirmos uma diferença de altura de 1,5m-2m, pode ser construída uma central hidroelétrica alternativa na saída. Com base em módulos hidroeléctricos de gravidade, é possível obter a mesma capacidade que a central hidroelétrica de Bjedron, nomeadamente 1269 MW, e possivelmente ainda mais, uma vez que a queda pode ser criada muito acima de 180 atm (como já foi dito, 300 atm não é o limite). E esta capacidade é quase três vezes superior à capacidade da central hidroelétrica de Mingichaur, que é igual a 414 MW. Ao mesmo tempo, a construção proposta acima não interfere com a navegação e não prejudica o ecossistema do rio. Além disso, podem ser construídas várias dezenas de centrais hidroeléctricas deste tipo ao longo do leito do rio. O custo de uma estrutura hidráulica deste tipo é incomparavelmente inferior ao custo das barragens tradicionais. No futuro, a central hidroelétrica de Mingichaur pode ser reconstruída e, utilizando a água já recolhida na albufeira, utilizar um bloco de módulos de gravidade hidroelétrica para mudar para unidades hidroeléctricas de balde de alta pressão. Teoricamente, uma diferença de altura de 40 m permite criar 20 cascatas de 2 m cada. A descarga total de água após a Min. [33]HPP 402 m/s, dividindo-a por 25 m/s obtemos 16 unidades, como na HPP da Suíça, em cada cascata. Mesmo se assumirmos que haverá 10 delas em cada cascata, o número total possível de turbinas hidráulicas envolvidas em toda a cascata será de 200 unidades, cada uma com uma capacidade de 423 MW. Assim, a capacidade

A central hidroelétrica de Mingechevir pode produzir 84600 MW de eletricidade. [3]Nos afluentes do Kura, pode ser utilizado um módulo hidroelétrico com uma capacidade de 15 MW por cada 2 m/s de caudal de água com 1,5-2 m de diferença de altura. O método de construção em cascata de tais centrais hidroeléctricas, em que a água, depois de consumida num reservatório, flui para outro localizado abaixo, também contribui com um enorme potencial de capacidades possíveis para o potencial hidroelétrico total do Azerbaijão. Cada módulo hidroelétrico envolvido, com um diâmetro de pistão de 2 metros, produzirá pelo menos 15 MW de eletricidade. [33]Se imaginarmos que na conduta de água construída Oguz-Gabala-Baku, onde a diferença de altura total é de 227 m e o caudal de água é de 5 m/seg., e se imaginarmos que o fornecimento de água até ao ponto final passará por uma cascata de módulos hidroeléctricos, cada um dos quais com um caudal de água de 1,5 m/seg., à diferença de altura necessária de 2 m, então com três módulos instalados em paralelo em cada fase da cascata, essas fases podem teoricamente ser 113 (227 : 2 =113). Mesmo que o número de cascatas não seja 113 e, portanto, para um número redondo, igual a 50, o número total de módulos será igual a 150 unidades. E assim a capacidade total de produção de energia pode ser de 1800 MW de eletricidade, em que cada módulo hidroelétrico com um diâmetro de pistão de 2 m tem uma capacidade de 15 MW. Consegue imaginar que, enquanto a tarefa principal será resolvida, que é a entrega de água potável ao destino, haverá uma enorme quantidade de energia gerada adicionalmente! Com a utilização desta tecnologia hidroelétrica alternativa, o potencial hidroelétrico do Azerbaijão, através de um conjunto de rios e canais, pode fornecer energia não só a toda a república, num futuro próximo, mas também a toda a Transcaucásia. Uma vez que o módulo de gravidade hidroelétrica se baseia na injeção de água sob alta pressão, pode também ser utilizado na recuperação de terrenos. A mesma estrutura hidráulica da engenharia hidroelétrica, mas sem coluna de compensação e regulador de pressão, permitirá bombear água a uma altura considerável sem utilizar qualquer energia para além do potencial da diferença de altura do rio. Assim, podem ser irrigadas enormes áreas adjacentes ao leito do rio.

A maioria dos países do mundo assinou o Acordo de Quioto, que os compromete a reduzir as suas emissões de dióxido de carbono. Mas isto é apenas uma declaração. Atualmente, a única solução parcial para este problema são as energias alternativas. As energias solar, eólica, das ondas e das marés não são constantes. O fator de ciclicidade e a dependência das condições meteorológicas não nos permitem confiar plenamente no seu desenvolvimento e na sua futura substituição das fontes de energia tradicionais. O método alternativo de desenvolvimento da energia hidroelétrica acima proposto tem por objetivo resolver este problema. O potencial inexplorado deste método é enorme.

O módulo de gravidade da energia hidroelétrica na produção de eletricidade tem um carácter inovador. A procura de eletricidade estável e amiga do ambiente será muito elevada.

O esquema n.º 1 mostra a conceção da estrutura hidráulica proposta.

Esquema 1

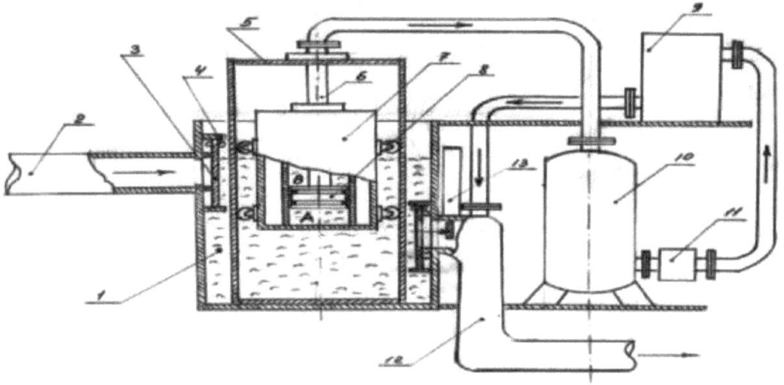

1. Tanque enterrado e betonado; 2. Conduta de entrada (canal); 3. Shandor de entrada (dispositivo de bloqueio); 4. Rolos para facilitar o movimento do shandor; 5. Grelha-guia na qual se move a bomba pontão; 6. Conduta; 7. Bomba pontão de duas vias; 8. Pistão fixo; 9. Hidroturbina e gerador; 10. Coluna de compensação; 11. Regulador de pressão; 12. Conduta de descarga de águas residuais; 13.

Mecanismo de abertura e fecho Shandor na descarga de água.

A água é periodicamente enchida e descarregada pela conduta (2) através do funcionamento dos shandors de entrada (3) e de saída, alterando o nível de água no tanque enterrado. A alteração do nível da água permite o movimento do corpo móvel da bomba de pontão em torno do pistão estacionário. Isto assegura o funcionamento da própria bomba, na qual a água é "comprimida" nas câmaras "A" e "B" e flui através da linha de água (6) para a coluna de compensação (10). O regulador (11) fornece água sob a pressão definida à turbina hidráulica (9), onde é gerada eletricidade. As águas residuais são descarregadas na conduta de descarga de água (12)

A Fig. nº 2 mostra a conceção de uma unidade de pistão de duas vias bomba de pontão incluída no módulo de gravidade da energia hidroelétrica.

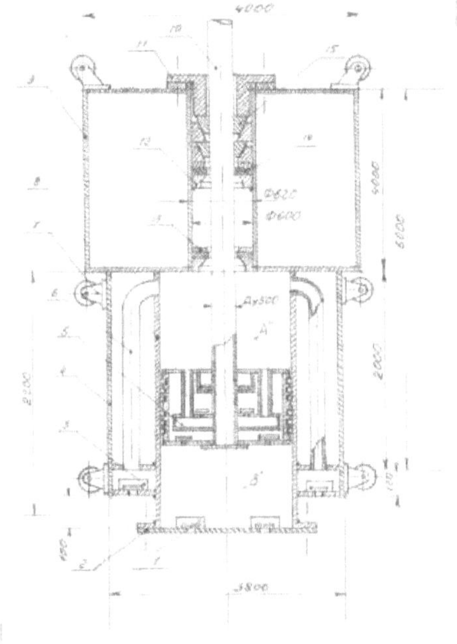

Fig.2

Já se familiarizou com a sua construção e funcionamento no artigo anterior, pelo que não o aborrecerei com a repetição do material.

[3]Temos: capacidade da bomba do pontão 1,2m/seg. A pressão da água depende do diâmetro dos orifícios dos bicos que fornecem água às pás da hidroturbina e pode atingir 250atm. Para bombear a água para os taludes ao longo do leito do rio, a pressão necessária será tal que ultrapasse a contrapressão criada na conduta.

A capacidade desta unidade de bombagem será calculada de acordo com a fórmula:

[222] [2]W= caudal x altura x 9,8m/seg x 0,6 = 1210kg/seg x 220kg/cm 9,8m/seg x 0,6 = 1210 litros/seg x 2200m.h.s. x 9,8m/seg x 0,6 = 15652560 W = 15,65MW

Vamos resumir o material acima:

1) Dispomos de um método alternativo de produção de energia hidroelétrica

2) O potencial de utilização dos recursos hídricos está a aumentar muito.

3) Isto resolve o problema do clima

4) Permite construir centrais hidroeléctricas potentes sem construir barragens em rios de águas baixas.

5) Permite-lhe reconstruir   as
centrais hidroeléctricas, aumentando a sua capacidade em centenas ou milhares
de vezes.
6) Reduz os riscos de acidentes provocados pelo homem
7) Constitui uma oportunidade para fazer um avanço significativo no
desenvolvimento da energia e da economia globais.
8) O método proposto permite, para utilizar o método em cascata na
construção, G.E.S.
9) A energia hidroelétrica ganha um segundo fôlego!
Com base na descoberta, no domínio da física, de um mecanismo capaz de
multiplicar a energia, foi concebida uma fonte única de energia alternativa. Esta
fonte de energia é capaz de funcionar em modo de "movimento perpétuo".
Movimento perpétuo em termos de consumo de energia. É claro que as partes
móveis e em fricção deste mecanismo levarão, mais cedo ou mais tarde, ao seu
fracasso, mas a sua singularidade é óbvia. Conhecerá esta fonte de energia no
próximo artigo:

CAPÍTULO 4

APROVEITAR A ENERGIA GRAVITACIONAL.

Azerbaijan Research Institute of Geotechnical Problems of Oil Gas and Chemistry O

autor é um engenheiro do laboratório de energias alternativas

Boris Vladimirovich Silvestrov.

Resumo: Este documento aborda um método de conversão do energia gravitacional em energia eléctrica. Esta transformação tem lugar numa instalação especial, cujo dispositivo é considerado no artigo proposto. O artigo considera o significado físico do possível incremento de energia, ou seja, gastando pouca energia, é possível obter ordens de grandeza maiores. O incremento provém do campo gravitacional. E também considerou a possibilidade de criar uma instalação, K.P.D. que é muito maior do que 100%. A física não considerou anteriormente o processo de possível ganho de energia, mas tal ganho é possível no sistema de vasos comunicantes. O artigo revela a regularidade do ganho de energia em função do volume e do peso do corpo de trabalho.

Palavras-chave: Eletricidade, gravidade, vasos comunicantes, bomba de duas passagens, gerador hidroelétrico

A ciência moderna nega a possibilidade de criar um mecanismo cuja eficiência seja igual ou superior a 100%. Esta negação baseia-se na lei fundamental da física, nomeadamente a lei da conservação da energia. Qualquer movimento, qualquer trabalho é acompanhado de perdas por fricção, por resistência do meio. Tendo em conta estas perdas, o rendimento será sempre inferior a 100%. Graficamente, este processo tem o seguinte aspeto:

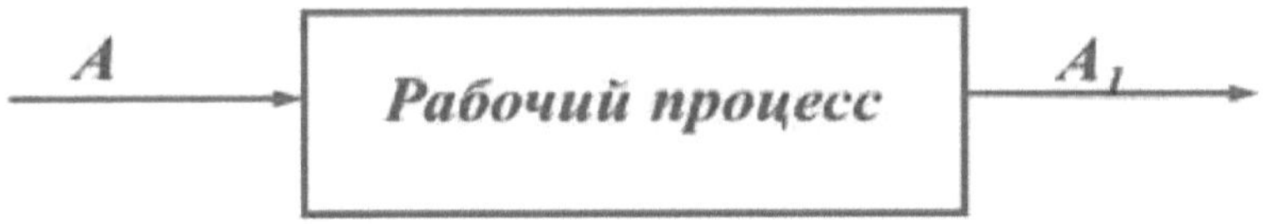

Em que,   A - energia gasta no processo de trabalho

A1- eletricidade recebida

A é sempre maior do que A1 .

Mas há um processo, nunca antes considerado em física, que nos permite concluir que a possibilidade de obter uma eficiência superior a 100%, nas condições de gravidade da Terra, é bastante real, e que este processo não se enquadra na lei da conservação da energia.

Este processo ocorre devido ao influxo de energia do campo gravitacional.

Graficamente, pode ser representado da seguinte forma:

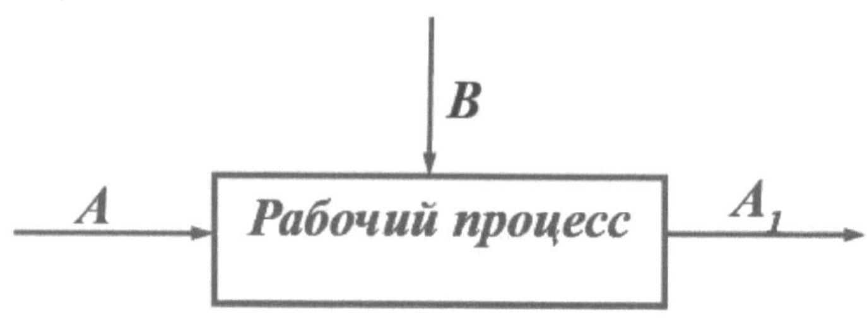

Fluxo de trabalho

Em que A - energia gasta para alterar o nível da água nos vasos comunicantes; B - energia gravítica, que, no mecanismo proposto, se deve ao peso e ao volume da bomba do pontão; A1 - energia eléctrica recebida.

Assim, temos: B > A1 B = A1   B < A1

Os três valores são válidos. Depende do volume e do peso do corpo de trabalho flutuante, que entra em ação quando o nível da água muda.

Existe um processo de ganho de energia devido ao facto de que para levantar um corpo, em alguns casos, se gasta muito menos energia do que a energia que o corpo adquire ao ser levantado a uma determinada altura. É este fenómeno, este processo, que será analisado neste artigo. A energia gravitacional tem sido utilizada pela humanidade desde a antiguidade. Em vários mecanismos com contrapesos. Em relógios - andadores, utilizando a energia de pesos suspensos, em ferramentas de arremesso da antiguidade, em muitos outros mecanismos, mas como fonte de energia eléctrica o campo gravitacional nunca foi utilizado antes. A utilização da gravidade da Terra para a produção de energia é muito mais prometedora do que a energia eólica e solar. Uma vez que esta energia não depende de factores externos, é sempre estável e pode ser obtida em qualquer ponto da Terra, tanto à superfície como no subsolo, o que, por sua vez, torna possível a criação de "cidades subterrâneas" tanto na Terra como noutros planetas. Colocada numa plataforma ferroviária, esta fonte de energia permite converter todo o transporte ferroviário, e muito mais, em tração eléctrica!

Vejamos em pormenor como é que isto é possível.

Qualquer corpo de massa m elevado a uma altura h tem energia igual a mgh, exatamente a mesma energia (sem ter em conta as perdas) será gasta para elevar esse corpo à mesma altura.

Mas há outra forma de deslocar o mesmo corpo, até uma altura h, com um gasto de energia completamente diferente. Para já não diremos com maior ou menor dispêndio de energia, sublinhamos apenas que com outro! Imaginemos que um corpo de massa m está a flutuar. Neste estado, o seu peso é nulo relativamente ao nível da água, porque é completamente compensada pela força de Arquimedes. Não há absolutamente nenhuma quantidade de energia gasta na sua elevação juntamente com a alteração do nível da água. A energia é gasta apenas para alterar o nível da água. Ao mesmo tempo, muitos corpos diferentes podem ser movidos alternadamente, flutuando com massas diferentes, possuindo, portanto, possibilidades energéticas diferentes (desde que estejam completamente no meio aéreo) e tudo isso, com o mesmo gasto energético para a mudança de nível da água. Assim, neste processo, a aplicação da lei da conservação da energia deixa de fazer sentido! Com a mudança do nível da água, a posição do corpo flutuante no plano vertical também se altera. Por outras palavras, o corpo pode ser deslocado para a altura h juntamente com o aumento do nível da água, onde adquirirá energia mgh, desde que não esteja a flutuar, mas sim completamente no meio aéreo. Note-se que nenhuma energia foi gasta diretamente para elevar este corpo de massa m. A energia foi gasta num processo completamente diferente, nomeadamente no processo de alteração do nível da água, que é proporcionado pela imersão e remoção de um determinado peso num dos vasos comunicantes. Este é o significado físico do incremento de energia neste processo. Como no processo subsequente a energia mgh apareceu sem gasto direto de energia na elevação, pode ser retirada no processo de trabalho do dispositivo especial, proporcionando uma condição em que o corpo de massa m aparece completamente no meio aéreo. Em princípio, parte deste processo foi utilizado pela humanidade há muito tempo no funcionamento de eclusas. Alterando o nível da água, deslocamos objectos à tona no plano vertical. Vamos comparar a energia gasta na alteração do nível da água com a energia obtida no processo de elevação de um corpo flutuante de massa m a uma altura h. Consideremos este processo na variante seguinte. Tomemos um sistema de vasos comunicantes constituído por dois tanques adjacentes, na base dos quais se encontra um quadrado com 1,001 m de lado e 2 m de altura. Os tanques estão meio cheios

cheios de água. No tanque da esquerda, vamos mergulhar e extrair alternadamente um certo corpo, que é um cubo com lados de 1m. A energia para a sua imersão e extração será a energia gasta. Teoricamente, um pequeno intervalo permite efetuar esta operação. No tanque da direita estará a flutuar um determinado corpo com dimensões, na base do qual se encontra um quadrado, com lados de 1m, sendo que a altura desse corpo pode ser de 0,5m., 2m., 3m., 4m. , 3m., 4m., e assim por diante. (ver diagrama nº 2). O trabalho previsto destes corpos é a fonte da produção de energia prevista.

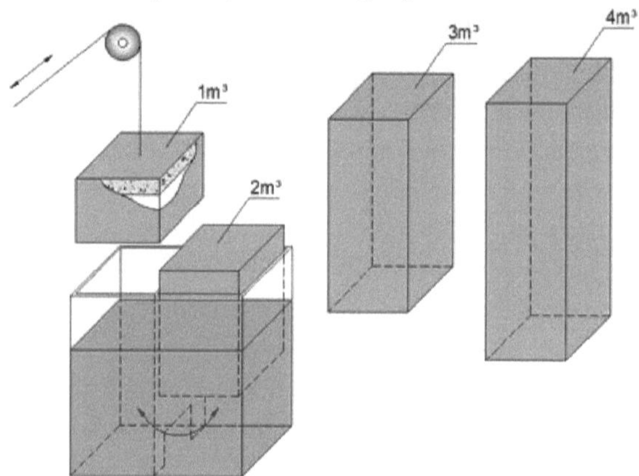

Esquema n.º 2

Consideremos a variante com a altura do corpo de trabalho igual a 2m. Enchamos este corpo com água de modo a que o peso total da água e do material de que é feito este corpo seja igual a 1,95t. [3] Com o volume deste corpo igual a 2m, a flutuabilidade residual será igual a 50 litros. O corpo continuaria a flutuar. Chamamos ciclo a uma imersão e a uma recuperação de um corpo que muda de nível de água. [3]Para submergir o corpo que muda o nível da água e tem um volume de 1m deve pesar mais de 1t, suponhamos que pesa 1,001t. O trabalho realizado por este corpo num ciclo será igual a: a média aritmética do peso deste corpo no ar, e o peso num estado completamente submerso, multiplicado pelo deslocamento igual a 1m. A média aritmética é tomada porque, à medida que este corpo é imerso, o seu peso muda, diminuindo de 1001kg para 1kg. Inversamente, à medida que esse corpo é retirado, o seu peso aumenta de 1kg para 1001kg. No entanto, ao deslocar-se para baixo, o trabalho pode ser desprezado porque o trabalho é efectuado pelo próprio corpo

mas, para evitar dúvidas, consideremos o ciclo completo como trabalho. Assim, o trabalho despendido num ciclo será igual a:

A= (1001kg +1kg) / 2 - 1m ^2=1002kgm.

O trabalho efectuado por um corpo a flutuar no tanque direito, desde que o corpo fique depois inteiramente no ar, é igual a:

$A_1 = 1950kg -1m -1 = 1950kgm.$

A fase de subida não envolve qualquer trabalho útil, pelo que é multiplicada por 1.

Considere o seguinte caso, em que a altura do corpo no tanque da direita é de 3 m. Tal como no primeiro caso, enchemos este corpo com água, de modo a que o peso total do material de que é feito e o peso da água seja igual a 2950 kg. Como no primeiro caso, a flutuabilidade residual será igual a 50 litros. ^{3}(50dm) Então o trabalho que este corpo poderia realizar num ciclo seria igual a:

$A2 = 2950kg - 1m - 1 = 2950kgm.$

Da mesma forma, considere o caso em que a altura do corpo no tanque direito é igual a 4m. Vamos também encher este corpo com água até que o peso total seja igual a 3950 kg. O trabalho que este corpo pode realizar num ciclo será igual a:

$A_z = 3950kg - 1m -1 = 3950kgm.$

Ao considerarmos a variante em que a altura do corpo de trabalho é igual a 0,5m, obtemos que a energia gasta será maior que a energia recebida.

Este processo foi representado graficamente acima:

Onde, "B" é a energia gasta para alterar o nível do lençol freático, afundando e recuperando um determinado peso. No nosso exemplo, "B" é const; "A_2" é a energia transferida pelo corpo de trabalho (corpo do pontão).

bomba). Depende do volume e do peso do pontão, e aumenta à medida que o peso e o volume deste pontão de trabalho aumentam. "A_1"   é a resultante eletricidade

Dos cálculos acima efectuados, pode deduzir-se a seguinte regra geral

No sistema de vasos comunicantes, com os mesmos custos de energia para alterar o nível da água por imersão e remoção de um determinado corpo no tanque esquerdo, é possível um aumento significativo   da energia do corpo, do corpo flutuante no tanque da direita. Este ganho de energia está diretamente relacionado com o volume e o peso do corpo flutuante no tanque direito.

Ao aumentarmos o volume do corpo flutuante, obtemos um aumento de energia. Daqui podemos concluir que a eficiência aumenta, que inicialmente era superior a 100%, desde que o volume do corpo flutuante seja superior ao volume do corpo submerso. A condição para este processo (aumento de volume) é o aumento da altura das paredes dos tanques adjacentes, a quantidade de água e a estabilidade dos próprios tanques. Mas o exemplo acima mostra apenas uma possibilidade teórica de aumento de energia. Por mais que o nível da água se altere e por mais que o corpo que flutua no tanque da direita mude de posição verticalmente, não se verifica qualquer aumento de energia. É necessário que as forças consideradas (pesos) sejam activadas. E isso só é possível usando algum mecanismo, que é uma bomba de pontão de duas vias com um pistão fixo, cujo trabalho e design serão considerados abaixo. Tendo em conta o material acima, propomos considerar um mecanismo (instalação) que converte a energia gravitacional em energia eléctrica. (desenho n.º 1)

Esboço n.º 1

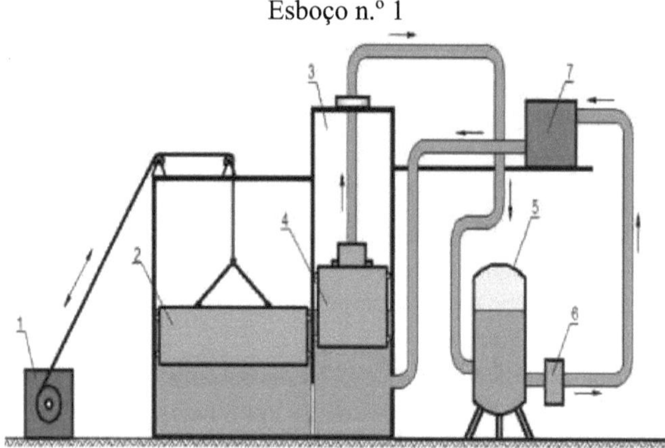

Onde: 1 - Motor elétrico de inversão (balancim de óleo); 2- Peso que influencia a variação do nível da água; 3- Vasos comunicantes; 4-Bomba de pistão de duas vias com pistão fixo; 5-Coluna de compensação; 6 -

Regulador de pressão; 7 - Hidrogerador com turbina Pelton

O funcionamento desta instalação é efectuado da seguinte forma: O motor elétrico reversível n.º 1, ou um mecanismo como um balancim de óleo que o substitui, submerge e retira alternadamente da água um certo peso n.º 2. Isto permite alterar o nível da água em ambos os tanques. Isto, por sua vez, facilita o funcionamento da bomba do pontão n.º 4. A bomba sob pressão do tanque bombeia a água para a coluna de compensação n.º 5. (no momento do arranque da instalação tem lugar o processo de adição de água aos tanques). Depois, sob a pressão necessária fornecida pelo regulador de pressão n.º 6, a água chega às pás da turbina hidráulica n.º 7, onde é gerada a energia eléctrica. Em seguida, a água retorna aos vasos comunicantes, após o que a adição de água é interrompida. A central entra no modo de funcionamento, é desligada da fonte de energia externa e entra no modo de fornecimento independente de energia. A física do incremento de energia ocorre quando a bomba do pontão está a funcionar. Por isso, a sua conceção e o seu funcionamento serão discutidos em pormenor. A potência do motor elétrico para o funcionamento da carga nº 2 é selecionada de acordo com o peso desta carga no catálogo do mecanismo de elevação. A potência resultante é calculada a partir da capacidade da bomba e da pressão que ela pode gerar de acordo com a fórmula:

[2]W=Hanop - caudal - 9,8m/seg - 0,6

O desenho do pontão-bomba de trabalho representado pelos corpos **B, C e D no** esquema n.º 2 **está** representado no desenho n.º 2.

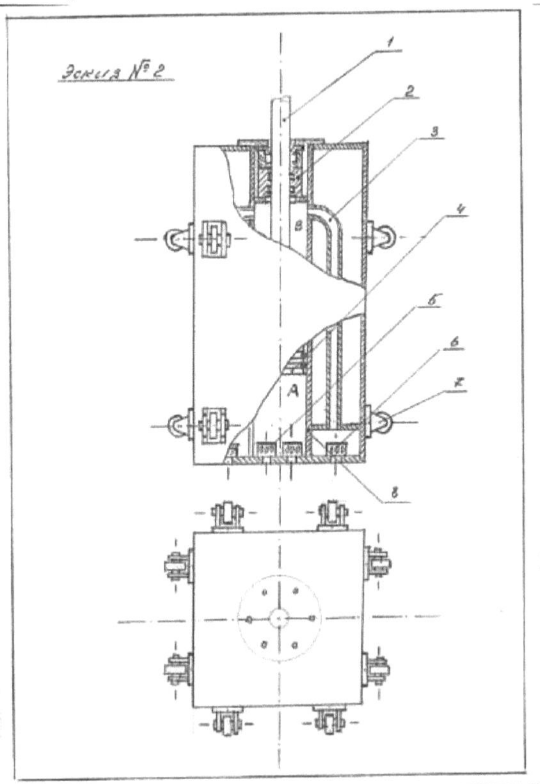

Onde :

1 - Linha de água fixa, na extremidade da qual se encontra a cabeça do pistão (4). A linha de água é fixada rigidamente aos tanques, que são um sistema de vasos comunicantes; 2 - Conjunto de vedação; 3 - Tubagem de entrada da água do mar na câmara superior da bomba **"B"**; 4 - Cabeça do pistão fixa; 5 - Válvulas de entrada da câmara **"A"**; 6 - Válvulas de entrada da câmara **"B"**; 7 - Rolos de apoio (para facilitar o movimento); 8 - Cilindro de trabalho interno.

O funcionamento desta bomba é o seguinte:

Quando o nível da água muda, o corpo da bomba desloca-se juntamente com o cilindro interior. Para facilitar o movimento, os rolos de guia são soldados ao corpo do pontão. O cilindro contém uma cabeça de pistão fixa. Quando o pontão e o cilindro no seu interior se movem, os volumes das câmaras "A" e "B" contraem-se e expandem-se alternadamente. A pressão sobre a água numa das câmaras é exercida quer pela força do peso, quando se move para baixo, quer pela força de Arquimedes, quando se move para cima. A força de Arquimedes é uma imagem em espelho da força do peso. Este movimento deve-se à tendência do corpo flutuante da bomba para acompanhar a mudança de horizonte do nível da água. As câmaras "A" e "B", através de um sistema de válvulas de entrada, recebem água do próprio tanque, no qual se encontra o pontão. Quando o pontão se desloca numa das câmaras, a água é pressurizada pelo peso do pontão e é forçada a entrar na conduta, enquanto a outra câmara aumenta de volume e a água é sugada para o seu interior. De seguida, o mesmo processo ocorre na outra câmara. Na conceção da bomba, o peso da parte móvel da bomba, através da adição de água às câmaras de lastro situadas na parte superior do corpo do pontão, é selecionado de modo a ser igual à flutuabilidade (força de Arquimedes) do pontão. Uma vez que o peso e a flutuabilidade são iguais, a bomba funciona com a mesma força, tanto na subida como na descida. A água é devolvida ao tanque (vaso comunicante) depois de ter sido esgotada na turbina hidráulica. O corpo da parte móvel, o pontão, pode ser comparado com os corpos acima referidos com alturas de 0,5m, 2m, 3m, 4m a partir dos quais foi planeado o aumento de energia. Mas, ao contrário destes corpos, quando o nível da água muda, o pontão é privado da possibilidade de se mover livremente seguindo a linha de mudança do horizonte do nível da água. Este movimento é impedido pela água de uma das câmaras. O desejo do pontão de manter a sua posição de equilíbrio em relação à linha de mudança do nível da água faz com que a força peso seja activada num caso e a força de flutuação no outro. Estas forças realizam trabalho alternadamente. Por outras palavras, libertam energia. Esta energia é expressa num determinado volume de água sob uma determinada pressão.

O esquema n.º **1** mostra o sistema de válvulas da cabeça de pistão fixa
CONSIDERANDO QUE:
1) Área de apoio para a imobilidade da cabeça do pistão
2) Tubo de água no qual está montada a cabeça do pistão
3) Cabeça do pistão
4) Abertura de entrada de água na conduta
5) Aberturas para o fluxo de água através das válvulas **"A" "B" "C"**

Durante o movimento ascendente do corpo de trabalho **"C" (esquema n.º 2), a** câmara de compressão **"B"** (esquema n.º 2) é alargada e enchida com água; durante o movimento descendente do corpo **"C", as** válvulas **"B"** e **"C" são** abertas e a válvula **"A" é** fechada. Através das válvulas abertas **"B"** e **"C"**, a água da câmara de compressão **"B"** entra no tubo de água. Ao mesmo tempo, há um aumento no volume da câmara **"A"**   (**esboço № 2**) e ela
está cheio de água. Então, quando o corpo de trabalho **"C"** se move para cima

novamente (**esquema No.2**), as válvulas **"A"** e **"C"** abrem e as válvulas **"B"** fecham (**esboço No.1**). A água, da câmara de trabalho **"A"** (**esquema №2**), através das válvulas abertas **"A"** e **"C",** entra na linha de água, e mais adiante ao longo da cadeia tecnológica para as lâminas da turbina hidráulica.

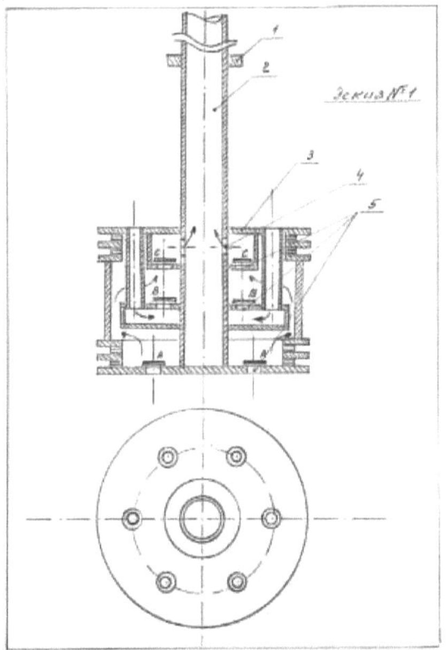

6) O esquema n.º 1 não é mais do que uma bomba de energia por gravidade, em que o aumento de energia ocorre devido à gravidade. Quanto maiores forem as dimensões do pontão-bomba, maior será o volume das câmaras de compressão da bomba, logo - e a produtividade da bomba por unidade de tempo, e maiores serão as forças (força peso e força de Arquimedes) que participarão na produção de energia. Quanto maiores forem as forças aplicadas e quanto maior for a capacidade, mais energia pode ser produzida com o mesmo custo energético para alterar o horizonte do nível da água.

7) Todos os cálculos teóricos apresentados são confirmados

cálculos da possibilidade de obtenção de eletricidade, de acordo com o esquema apresentado no desenho n.º 1, e são efectuados segundo a fórmula adoptada na energia hidroelétrica:

[2]W=Hanop - caudal - 9,8m/seg - 0,6

A altura manométrica (pressão da água) pode ser calculada a partir da relação entre a força aplicada e a área do jato que flui. O caudal de água é calculado a partir das dimensões geométricas das câmaras de trabalho da bomba e do tempo de execução de um ciclo de funcionamento. As próprias forças aplicadas são calculadas através da determinação do peso de todas as peças e conjuntos incluídos na parte móvel da bomba e da determinação do volume de ar interno do pontão em movimento, seguida da igualização destas forças com água de lastro.

8) De acordo com estes cálculos, para diferentes diâmetros de um pistão de uma bomba de duas vias e diferentes dimensões, temos os seguintes resultados: para o diâmetro de um pistão 299 mm e dimensões de um pontão 500mm^500mm4220mm, a potência gasta (sob a forma de um dispositivo de elevação) 540 W, recebida - 5000 W eficiência=925%.

9) Para um diâmetro de pistão de 500 mm, dimensões do pontão:- 1m-1m-1,8m.

potência de entrada 3 kW, potência de saída 100 kW eficiência=3333%

10) Para um diâmetro do pistão de 1196 mm, as dimensões do pontão são:- 2m^2m^4m,

a potência de entrada é de 30 kW recebida 3500 kW eficiência=11666%

11) Para o diâmetro do pistão 2000mm e dimensões do pontão 3900^3900^8700mm, potência de entrada 50kW recebida 14000kW eficiência=28000%

A física não considerou anteriormente o processo de possível incremento de energia. Por isso, a afirmação de que a elevação de um determinado corpo requer menos energia do que a que o corpo irá adquirir, ao ser elevado a uma determinada altura, é normalmente rejeitada com referência à lei da conservação da energia. O material acima mostra o mecanismo de possível incremento de energia no sistema de vasos comunicantes, onde a aplicação da lei da conservação da energia não tem sentido. E o processo considerado pode ser considerado como uma descoberta no domínio da física. O processo com custos de energia constantes, que leva a uma alteração do nível da água num dos tanques adjacentes dos vasos comunicantes, é um componente do ganho de energia esperado em função da alteração do tamanho da bomba. Espero que este artigo permita completar alguns conceitos no campo da física e levar mais a sério o método proposto de transformação da energia gravitacional, bem como reconhecer na bomba gravitacional uma pseudo máquina de movimento perpétuo.

O processo que ocorre no mecanismo, onde a energia gasta é constante e a energia obtida como resultado do trabalho desse mecanismo varia, dependendo do peso e do volume do corpo que trabalha, não se enquadra na lei da conservação da energia e, portanto, é um mecanismo de incremento de energia. (as palavras variar e conservar já se contradizem) A um valor constante do trabalho despendido, o valor da energia adquirida varia, consoante o volume e o peso do corpo elevado e flutuante.

Com o tipo de desempenho demonstrado por este projeto de fonte de energia alternativa, a competitividade com as fontes de energia convencionais é bastante evidente.

Baku 03.09.2020

Lista da literatura utilizada

1) Projeto e cálculo de turbinas hidráulicas [Texto]. - 2ª ed., suplemento e revisão. - Leningrado : Mashinostroenie. Departamento de Leningrado, 1974. - 408 c. : ill.; 26 cm.
No verso da página de rosto, os autores: S. A. Granovsky, V. Malyshev. M. M., Orgo V. M., Smolyarov L. G.
RuMoRGB
1ª ed.: S. A. Granovsky, V. M. Orgo, L. G. Smolyarov. Projectos de turbinas hidráulicas e cálculo das suas partes RuMoRGB
Turbinas hidráulicas - Conceção e cálculo
Cifra de armazenamento:
FB B 74-16/108
FB B 74-16/109
Arco FB.
2) KYRGYZ-RUSSIAN SLAVIAN UNIVERSITY Departamento de Engenharia Hidráulica e Recursos Hídricos N.P. Lavrov, G.I.
Loginov Conceção do equipamento hidráulico da central hidroelétrica de DERIVAÇÃO e seleção do equipamento básico de energia Instruções metódicas para a conceção do curso e do diploma.
3) Ministério da Educação e da Ciência da Federação Russa Instituição de Ensino Superior Profissional "Universidade Estatal de Arquitetura e Engenharia Civil de Nizhny Novgorod" Fevrelev Arkady Valentinovich PROJECTING HYDROELECTRIC STATIONS ON SMALL RIVERS Aprovado pelo Conselho Editorial e de Publicação da Universidade como livro de texto.
4) C.Mizner, C.Thorne e J.Wheeler, Gravity. (pode ser utilizado principalmente - em alguns sítios - como livro de referência, por exemplo, os capítulos 31-34). 31-34).
5) Vlasov V.N. Complexidade e simplicidade da nossa existência - 14. Segredos da gravitação e do magnetismo - ao serviço do mundo russo!
6)Chernyaev I. A. Bombas de pistão. M.: Mashinostroenie, 1966. - 188 c.
7) Sítio Internet
Gerador de turbina hidroelétrica Pelton....
fstgenerator.com>pt/hydroelectric-pelton-product/

Printed by Books on Demand GmbH, Norderstedt / Germany